Gabi Brede

Präsentieren, reden und begeistern für Frauen

Gabi Brede

Präsentieren, reden und begeistern für Frauen

Erfolgreich und souverän in Besprechungen, Meetings und Konferenzen

REDLINE WIRTSCHAFT

Bibliografische Information der Deutschen Nationalbibliothek
Die Deutsche Nationalbibliothek verzeichnet diese Publikation in der Deutschen Nationalbibliografie. Detaillierte bibliografische Daten sind im Internet über http://dnb.d-nb.de abrufbar.

ISBN 978-3-636-01386-6

1. Auflage 2008

www.redline-wirtschaft.de

Redaktion: Leonie Zimmermann, Landsberg am Lech
Lektorat: Jana Stahl, Heidelberg
Umschlaggestaltung: Vierthaler & Braun, München
Umschlagabbildung: getty images/Flying Colours Ltd., München
Satz: Jürgen Echter, Landsberg am Lech
Printed in Austria

Inhaltsverzeichnis

Anmerkung

Um das Arbeiten mit diesem Buch für Sie möglichst einfach und effizient zu gestalten, haben wir wichtige Textpassagen mit folgenden Icons gekennzeichnet:

Achtung, wichtig

To do — Aufgabe, Übung

STOP — Das sollten Sie auf jeden Fall vermeiden.

z.B. — Beispiel

Tipp — Tipp

Vorwort

Haben Sie schon mal von dem Kürzel Wbmd gehört? Die Buchstaben stehen für: Was bringt mir das? Das ist gleichzeitig eine berechtigte Frage in Bezug auf manche Präsentationsveranstaltung. Denn vielleicht ist es Ihnen als Zuhörerin einer Präsentation auch schon so gegangen, dass Ihnen die bereitgestellten Kekse interessanter schienen als die Präsentation selbst? Dass Sie sich mehr mit der Frage beschäftigt haben, welcher Keks Ihnen am besten schmecken könnte, anstatt den Ausführungen des Redners zu lauschen? Oder dass Sie ein Gähnen unterdrückt haben, weil es dem Vortragenden gegenüber unhöflich ist? Doch warum sollten wir Interesse heucheln, wenn uns der Vortragende langweilt? Wir wollen unterhalten werden, neue Erfahrungen sammeln, unsere Zeit gut und sinnvoll nutzen, interessante Gedanken mit auf den Weg bekommen, inspiriert werden oder unser Wissen auffrischen. Bedeutet das im Umkehrschluss, dass wir das, was wir als Zuhörerin erwarten, als Präsentatorin zu leisten haben? Genau.

Das Credo erfolgreicher Präsentationen lautet, Kontakt zum Publikum aufzubauen und in eine Kommunikationssituation zu gehen. Es kommt nicht so sehr darauf an zu zeigen, was Sie alles draufhaben. Nicht das Füllhorn des Wissens auszuschütten ist das Gebot der Stunde, sondern das Wissen zu portionieren, es dabei anschaulich und verständlich aufzubereiten und zu präsentieren. Wer diese Schritte beherzigt, ist auf dem besten Weg, eine im wahrsten Sinne merk-würdige Präsentationssituation zu schaffen und sowohl das vorgestellte Wissen als auch sich selbst im Kopf der Zuhörer zu verankern. Warum also das Merk-Würdige dem technischen Brimborium überlassen, zumal die Zeiten der bombastisch aufbereiteten Folienpräsentationen sowieso längst vorbei sind. Werden Sie selbst merk-würdig.

Präsentieren bedeutet, präsent zu sein, für die Zuhörenden erkennbare Konturen zu haben, einschätzbar zu sein, im Vordergrund zu stehen. Viele Ihrer Mitstreiter verschanzen sich regelrecht hinter ihrer Beamerpräsentation. Sie treten kaum aus dem Schatten von Auf- und Überblendungen der auf den Folien animierten Textfragmente hervor. Wer das Animieren des Publikums der Technik überlässt, baut erfahrungsgemäß keine nachhaltige Beziehung zu seinem Publikum auf. Für Sie bedeutet das nun nicht, dass Sie als überzeugende Präsentatorin auch noch Animateurin werden sollen. Doch drehen Sie den Spieß um. Verdeutlichen Sie Ihrem Publikum nicht: „He, seht mal, wie gut ich mein Präsentationsprogramm verstehe." Verdeutlichen Sie Ihren Zuhörern vielmehr: „He, seht mal, wie sehr ich mich mit euch als Zielgruppe auseinandergesetzt habe und wie gut ich euer Anliegen, eure Bedürfnisse, eure Ziele kenne."

Wer präsentiert, traut sich selbst etwas zu, setzt auf sich und vertraut seinen Fähigkeiten. Den Mut zu haben, vor Publikum zu sprechen, Thesen zu vertreten, Argumente überzeugend vorzutragen und Fragen sachkundig zu beantworten, stärkt das Selbstvertrauen und die Zuversicht, sowohl sich selbst als auch ein Thema souverän darzustellen. Respekt und Ansehen steigen. Diese Erkenntnis haben uns die Männer voraus, weshalb auch sie es oft sind, die sich bei der Frage, wer das Thema oder das Projekt präsentiert, gern freiwillig melden. Frauen verhalten sich in solchen Situationen zurückhaltender. Nicht selten sind sie froh, dass der Kelch, eine Präsentation zu halten, noch einmal an ihnen vorübergegangen ist. Doch derjenige, der die Präsentation hält, gewinnt in doppelter Hinsicht: Er steht auf der Bühne UND übt das Präsentieren. Reden, präsentieren, auf Publikum reagieren lernt man nur durchs Tun. Je häufiger Sie auf diesem Parkett üben, desto mehr gewinnen Sie an Selbstsicherheit. Wer also anderen den Vortritt lässt, schmiedet eifrig an deren Karriere mit. Denn natürlich ist das Präsentieren von Themen, Projekten oder Konzepten auch Selbstmarketing. Bei jedem Auftritt bringen Sie sich ins

Spiel und steuern Ihr Image, das Sie bei Kunden, Kollegen, Mitarbeitern oder Vorgesetzten hinterlassen wollen.
Und nun die wichtige Frage: Was bringt Ihnen das Lesen dieses Buches? Clevere Frauen halten clevere Präsentationen. Clever im Sinne von anders, einprägsamer, merk-würdiger. Um diesen Anspruch geht es in diesem Buch. Und nun: Vorhang auf.

1 Die Vielfalt des Präsentierens

Was gibt es überhaupt für Präsentationsstile? Präsentieren alle gleich oder gibt es Unterschiede? Grob gesagt lassen sich fünf verschiedene Stile ausmachen. Die einen präsentieren mehr sachbezogen, die anderen stellen allein sich in den Vordergrund und wieder andere verfallen dem Mittelmaß.
Das Raster verdeutlicht die unterschiedlichen Stile:

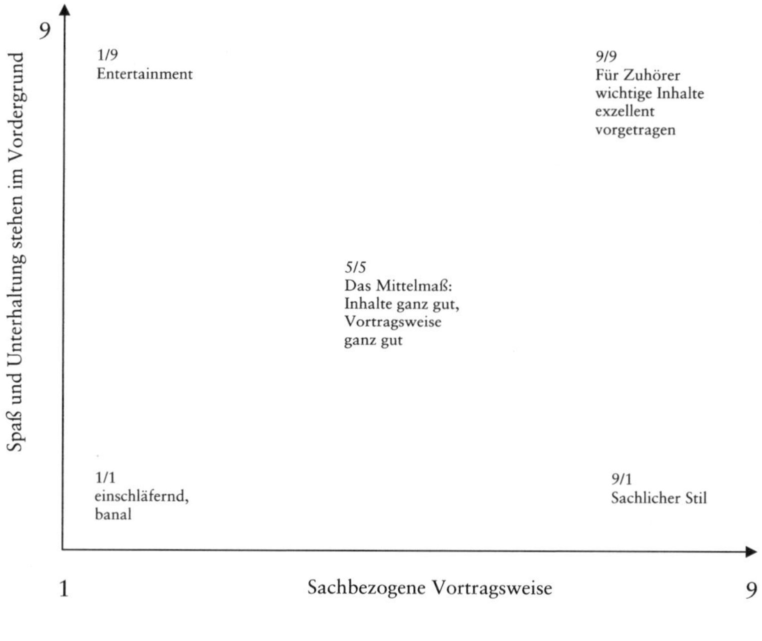

- Präsentationen im Bereich 1/9
  Der Präsentator versteht sich als Stimmungskanone wie in Chakka-Veranstaltungen. („Wir sind die Größten. Wir sind die Besten. Wir sind das Dynamit im alltäglichen Einerlei.“)

Dieser Stil mag bei Jubiläumsfeiern, bei denen der Unterhaltungswert im Vordergrund steht, angemessen sein. Bei allen anderen Anlässen nervt der Selbstdarstellungstrieb des Redners ziemlich schnell. Die Zuhörer lächeln müde oder wenden sich gänzlich ab.

Die Schlaftablette

- ❑ Präsentationen im Bereich 1/1
Der Redner gibt nicht nur banale Informationen von sich, sondern erweckt auch noch den Eindruck einer Schlaftablette. Dieser Zumutung können Sie sich als Zuhörerin nur durch baldiges Verlassen des Raums entziehen.

Die Tüftler und Spezialisten

- ❑ Präsentationen im Bereich 9/1
Klassischer Vortragsstil vieler Experten, Tüftler und Spezialisten: Fakten und Details werden bis in die dritte Nachkommastelle völlig emotionslos vorgetragen. Personen mit großem Fachwissen fällt es häufig schwer, nur einen Ausschnitt aus ihrem Wissensfundus zu präsentieren. Schließlich ist alles unendlich wichtig und von immenser Bedeutung für das Verstehen des Gesamtzusammenhangs. Sie verlieren sich in ihrer Fachsprache und in zu vielen technischen Details. Tüftlern und Spezialisten fällt es schwer, sich in ihre Zuhörer hineinzuversetzen. Sie rechtfertigen ihren Präsentationsstil mit dem Hinweis, ihr Thema verlange einen faktenreichen Vortrag.
Aber auch wer sich in Gedanken traut, unterhaltsamer zu präsentieren, verfällt diesem Stil in der Praxis leider gar zu oft. Die Befürchtung, für inkompetent gehalten zu werden, wenn man nicht das gesamte Wissen preisgibt, überwiegt. Doch während der Redner ein Argument an das nächste reiht, wedeln die Zuhörer bereits erschöpft mit der weißen Fahne und warten darauf, dass endlich Schluss ist.

Die Durchschnittlichen

- ❑ Präsentationen im Bereich 5/5
Alles, was durchschnittlich ist, ist häufig anzutreffen – so auch dieser Präsentationsstil. Weder begeistern die Inhalte noch hinterlässt der Redner einen bleibenden Eindruck. Die Vortragsweise des Redners vermittelt den Eindruck, als habe er

eine Pflichtübung abzuleisten. Zuhörer quittieren mittelmäßige Präsentationen mit Rückmeldungen wie „War ganz nett“ oder „Habe schon Schlimmeres erlebt“.
Typische Beispiele für diesen Stil sind Unternehmenspräsentationen, die vom Marketing für die Mitarbeiterinnen und Mitarbeiter der anderen Abteilungen erstellt werden. Diese Foliensätze lassen kaum Spielraum für eine zündende Präsentation. Die Marketingexperten erstellen Folien nach internen Vorschriften und den Richtlinien, die für eine gute Folie gelten. Die Charts sind handwerklich brillant, der Ablauf ist eine dramaturgische Einöde. Eine solche Präsentation mit Folien voller Bullet Points lässt Sie als Rednerin knietief im Mittelmaß stehen. Durchschnittlich präsentieren kann jeder. Machen Sie es deshalb anders und streichen Sie rigoros alle Folien, die Sie in ein chronologisches Korsett mit etlichen Jahreszahlen und firmengeschichtlichen Details zwingen. Wählen Sie nur die für Ihren Zuhörerkreis wichtigen Meilensteine aus.

Auch nachlassender Mut mündet häufig in diesen Präsentationsstil. Was wir uns in der Vorbereitungsphase an Forschheit in Auftritt und Argumentation getraut haben, kommt in der späteren Präsentation dann oft glatt geschmirgelt und angepasst daher. Das ist so, als würden Sie in der Vorbereitung schon mal das Siegertreppchen aufstellen und sich auf die oberste Stufe stellen. In der Präsentation aber nehmen Sie vorlieb mit einer Platzierung, die weit vom Treppchen entfernt ist.
Ein mittelmäßiger Auftritt weckt natürlich auch nur mittelmäßiges Interesse. Dafür lohnt sich weder der Aufwand noch das Lampenfieber, das mit dem Auftritt ja sowieso einhergeht.

Die Selbstbewussten

- ❑ Präsentationen im Bereich 9/9
  Die Inhalte passen zum Publikum, das Thema wird spannend präsentiert, die Rednerin überzeugt durch eine klare, anschauliche Sprache. Die Balance zwischen dem Wie und dem Was stimmt. Der clevere Aufbau enthält einen Spannungsbogen und die Rednerin weiß, wie dieser Spannungsbogen auch stimmlich seine Wirkung entfaltet. Die Antennen der Zuhörer sind bis zum Schluss ausgefahren und stehen auf bestem Empfang. Eine derartige Präsentation macht sexy, erfolgreich und ist Balsam fürs Selbstbewusstsein.

Welcher Stil trifft auf Sie zu? Wenn Sie Ihr Kreuz beim Stil 9/9 machen: Glückwunsch und weiter so! Sehen Sie sich eher im Bereich 5/5, ist das schon ganz ordentlich. Aber da geht noch mehr, nämlich das Mittelfeld zu verlassen und sich stetig in Richtung 9/9 zu bewegen.

Tipp Trauen Sie sich an den Stil 9/9. Scheitern ist erlaubt. Nicht-Versuchen ist verboten!

Feedback zum Vortragsstil

Ein guter Vortragsstil wird von den meisten Zuhörern zunächst einmal angenommen. Das sind die Vorschusslorbeeren, die der Vortragende bekommt. Als Zuhörerin eines Vortrags setzen Sie voraus, dass der Redner sein Handwerk versteht. Gehen Sie gezwungenermaßen in eine Präsentation, sind Sie dem Präsentator skeptischer gegenüber eingestellt. Seine Bringschuld Ihnen gegenüber ist ungleich höher als im ersten Fall. Bei einer nicht freiwilligen Teilnahme achten Sie auch mehr auf das Wie als auf das Was.
Ist der Vortragsstil enttäuschend und ernüchternd, zweifeln Sie auch schon mal an der Kompetenz des Präsentators. Das WAS des Vortrags erscheint Ihnen langweilig und belanglos. Und vom WIE

der Präsentation sind Sie genervt, enttäuscht, erzürnt. Manchmal wird diese Enttäuschung am Übergang von der Präsentation zur anschließenden Diskussions- oder Fragerunde deutlich. Wenn die Zuhörer fluchtartig den Raum verlassen, den Vortragenden dabei nicht einmal ansehen, geschweige denn sich verabschieden, weiß der Redner, dass es besser hätte laufen können.

Am eigenen Stil arbeiten

Nach dem Spiel ist vor dem Spiel

Nach einer solch frustrierenden Erfahrung vergeht vielen Rednern die Lust auf weitere Präsentationen. Ist eine Präsentation mal weniger gut gelaufen, so werfen Sie bitte nicht das Handtuch und reden sich ein, dass das Präsentieren sowieso nicht Ihr Ding ist. In Abwandlung zu Sepp Herbergers wunderbarem Spruch „Nach dem Spiel ist vor dem Spiel" gilt für Ihren Auftritt: „Nach der Präsentation ist vor der Präsentation." Überlegen Sie, welche Brocken und Steine es waren, die Ihnen den Weg zu Ihrem optimalen Präsentationsstil versperrt haben. All diese Steine bereits in der nächsten Präsentation aus dem Weg geräumt zu haben ist ein Anspruch, dem niemand gerecht werden kann. Deshalb mein Tipp: Lesen Sie das Buch kursorisch. Arbeiten Sie zunächst die Kapitel durch, die mit den Brocken zu tun haben, die Ihnen für das Erreichen des 9/9-Stils im Wege liegen.

2 Präsentieren? Na klar!

Präsentieren ist Selbstmarketing

Sie sind aufgefordert worden, intern vor Kollegen und Führungskräften oder extern vor Kunden eine Präsentation zu halten? Glückwunsch! Denn nicht jeder Tag wird durch einen persönlichen Auftritt gekrönt. Freies Reden, auf Zuhörer eingehen, Fragen beantworten und eigene Thesen, Ideen und Themen vorstellen – all diese für das Berufsleben so wichtigen Fähigkeiten lernen Sie am besten, schnellsten und effektivsten beim Präsentieren. Wer sich vor Präsentationen drückt, dem bleibt nur die Ochsentour, um für sich zu klappern: den Chef umständlich auf Stärken aufmerksam machen oder darauf hoffen, dass der Chef von allein merkt, wie toll man ist. Vergessen Sie es.
Warten Sie nicht darauf, wie Dornröschen wachgeküsst zu werden. Treten Sie heraus aus dem Wartehäuschen und machen Sie sich auf in Richtung offensives Selbstmarketing.

Präsentieren ist Handwerk

Gutes Präsentieren ist zunächst keine Kunst, sondern solides Handwerk. Sicherlich gibt es begnadete Präsentatoren, denen das notwendige Handwerkszeug schon in die Wiege gelegt worden ist. Vielleicht erinnern Sie sich an Mitschülerinnen und Mitschüler, denen es immer Spaß machte, vorn zu stehen und die Klasse zu unterhalten. Was gute Präsentatoren gemeinsam haben, ist die Freude daran, das Publikum mitzuziehen. Um das zu schaffen, brauchen Sie die Antworten auf diese drei entscheidenden Fragen: Was will ich? Was will ich bei meinen Zuhörern erreichen? Was soll nach der Präsentation anders sein als vorher?

Burn, Baby, burn!

Wer andere überzeugen will, dem wird gern ein Ausspruch von Aurelius Augustinus mit auf den Weg gegeben: „In dir muss brennen, was du in anderen entzünden willst."
Nichts gegen das Zitat. Doch was ist, wenn Sie von Ihrem Chef dazu verdonnert werden, eine Präsentation zu halten? Brennt es in Ihnen? Brechen Sie in Freudengeheul aus? Oder zermartern Sie sich den Kopf, bis Ihnen eine zündende Idee einfällt, mit der Sie aus der Nummer wieder rauskommen? Letzteres ist Zeitverschwendung. Denn wahrscheinlich kommen Sie sowieso nicht daran vorbei, die Präsentation zu halten. Deshalb haben Sie zwei Alternativen:

- ❑ Alternative 1: Sie reden sich fortwährend ein, dass Sie keinen Zugang zum Thema finden. Dies lassen Sie selbstverständlich auch das Publikum spüren. Sie reagieren lediglich auf das Thema, wodurch sich Ihr Spielfeld während der Präsentation unnötig einengt. Die einzelnen Abschnitte spulen Sie ohne innere Anteilnahme herunter. Daraus ergibt sich, dass Sie bei Ihren Zuhörern den Eindruck hinterlassen, ein Schattengewächs zu sein.

Chance statt Stolperstein

- ❑ Alternative 2: Die bevorstehende Präsentation löst zwar keine Begeisterung in Ihnen aus. Sie machen aus ihr aber auch keinen Stolperstein. Da alle „Ja, aber"-Einwände sowieso nur Energieräuber und Konzentrationskiller sind, verbannen Sie diese. Bei der Auseinandersetzung mit Thema und Ziel der Präsentation merken Sie: Freude kommt auf. Es macht Spaß, mit dem Handwerkszeug des Präsentierens zu agieren und zu erkennen, dass sich das Spielfeld vergrößert hat. Wo andere am Boden bleiben, fangen Sie an, den Luftraum zu erobern.

Die Lage klären

Wenn Sie aufgefordert werden, eine Präsentation zu halten, klären Sie,

- was von Ihnen erwartet wird,
- ob Sie die Ziele eigenverantwortlich bestimmen können,
- ob Ihr Vorgesetzter bestimmte Ziele verfolgt.

Handelt es sich um eine externe Präsentation, bitten Sie Ihren Chef um Informationen über das Ziel des Treffens. Holen Sie möglichst alle Informationen über frühere Meetings ein, damit die Präsentation nicht aus Wiederholungen besteht. Analysieren Sie die aktuellen Unterlagen: Sind Schwerpunkte erkennbar? Greifen Sie diese in Ihrer Präsentation auf, um sie hervorzuheben und im Gedächtnis der Zuhörer zu verankern.

Stellen Sie keine Vermutungen über die Absichten Ihres Chefs an, sondern fragen Sie konkret nach. Denn erfüllen Sie die Erwartungshaltung nicht, ist die Präsentation in den Augen Ihrer Führungskraft ins Leere gelaufen.

100 Prozent oder nur 80?

Zuhörer = Seismograph

Durch Ihre unbewussten Signale und Botschaften wie Mimik und Veränderungen in der Stimmlage lässt sich kaum verbergen, ob Sie voll oder nur zum Teil hinter dem stehen, was Sie vortragen. Manchmal wird der Eindruck noch durch die Sprache verstärkt. Man fängt an, sich zu rechtfertigen, benutzt häufiger Füllwörter oder greift verstärkt zu Floskeln. Ihre Zuhörer reagieren wie ein Seismograph, sie nehmen diese Signale mehr oder weniger bewusst wahr. Als Zuhörer kann man nicht immer so genau sagen, welche Signale Unsicherheit ausgedrückt haben. Man merkt einfach, wenn der Redner anfängt zu schwimmen.

Falls Sie nicht zu 100 Prozent hinter dem stehen, was Sie zu sagen haben, machen Sie Folgendes: Setzen Sie auf die 80 Prozent, von denen Sie überzeugt sind, und vernachlässigen Sie den Rest. Denken Sie daran, dass in den meisten Fällen nur Sie das Gesamtbild kennen. Ihre Zuhörer erfahren erst von Ihren Zweifeln, wenn Sie Ihre Skepsis – bewusst oder unbewusst – zum Ausdruck bringen.

Stehen Sie hinter der Aussage?

Tipp Die Panikattacke, die Sie möglicherweise vor einer Präsentation befällt, können Sie durch gezielte Vorbereitung abmildern und sogar in freudige Erwartung umwandeln. Das Ergebnis ist eine überzeugend vorgetragene Präsentation. Wenn Sie allerdings aus politischen, ethischen oder moralischen Gründen starke Vorbehalte gegen die Botschaft einer Präsentation haben, tun Sie gut daran, den Vortrag nicht zu halten. Botschaften, die gänzlich gegen die eigene Überzeugung gehen, lassen sich nicht glaubhaft vermitteln. Die Zuhörer würden Ihre Aussagen in Zweifel ziehen. Diskutieren Sie die Sache mit Ihrem Vorgesetzten. Denn wenn Sie eine solche Präsentation halten, erweisen Sie sich und Ihrer Führungskraft einen Bärendienst. Sie selbst hinterlassen einen schlechten Eindruck wegen mangelnder Überzeugungskraft. Und das Anliegen Ihrer Führungskraft oder Ihres Unternehmens wird nur unzureichend unterstützt, was sich auf die Geschäftsbeziehung zu den Teilnehmern negativ auswirken kann.

Wozu das Ganze: Ziele definieren

Thema und Ziel sind nicht identisch

Die meisten Präsentationen scheitern nicht deshalb, weil der Redner langweilig und die Zuhörer desinteressiert sind. Das Manko sind das fehlende Ziel und die daraus resultierende Ergebnislosigkeit.

„Ich weiß zwar nicht, wo ich hin will.
Aber ich fahr schon mal los. Dann bin ich früher da."

Der Vortragende jammert über das mangelnde Interesse seiner Zuhörer. Die Zuhörer verlassen den Saal ohne bleibenden Eindruck. Das schale Gefühl, Zeit verschwendet zu haben, schleicht sich ein. Und auf die Frage „Was wollte uns der Präsentator sagen?" antwortet ein Teilnehmer: „Nichts. Aber dafür hat er 30 Minuten gebraucht."
Viele vergessen schlichtweg, ein Ziel zu definieren, weil sie dem Irrtum aufsitzen, dass das Thema das Ziel ist. Und mit dieser Fehleinschätzung taumeln die Redner durch den Vortrag, halten sich hier und da auf und lassen alle, auch sich selbst, mit diffusen Vorstellungen über den Sinn des Ganzen zurück.

Die individuelle Note

Tipp

Werden Sie mit dem Auftrag betraut, einen Vortrag zu halten, ist zwar meistens das Thema vorgegeben, in den seltensten Fällen jedoch das Ziel. Das ist Ihre Chance, der Präsentation eine individuelle Note durch klar formulierte Ziele zu geben. Reden Sie sich nicht ein, dass Sie dazu eventuell nicht befugt sind. Stecken Sie den Ermessensspielraum ab und trauen Sie sich, initiativ zu werden. Die Zuhörer werden es Ihnen später danken, konkrete Botschaften präsentiert bekommen zu haben.

Wenn Sie die Ziele Ihrer Präsentation definieren, überlegen Sie:

- *Wissen, denken, verstehen*: Welches Wissen, welche Ansichten und Standpunkte wollen Sie Ihren Zuhörerinnen und Zuhörern vermitteln? Welche Schlussfolgerungen erwarten Sie von Ihrem Publikum?
- *Handeln oder lassen*: Was sollen Ihre Zuhörerinnen und Zuhörer anschließend gutheißen, kaufen, ausprobieren oder unterlassen?

Auf Kurs sein

Als Präsentatorin nehmen Sie Ihre Zuhörer mit auf den Weg. Sie sind der Navigator, der das Publikum von der ersten bis zur letzten Minute nie vor einer Nebelwand stehen lässt. Sie haben das Ziel vor Augen und steuern den Kahn auf dieses Ziel zu.

Wie lautet Ihre Botschaft?

Was möchten Sie persönlich erreichen? Was möchten Sie Ihren Zuhörern mit auf den Weg geben? Was soll das Publikum nach der Präsentation wissen oder tun? Je konkreter Sie Ihre Ziele fassen, desto strukturierter gehen Sie die weitere Planung und Vorbereitung an. Es fällt Ihnen leichter,

- ❑ passende Informationen auszuwählen und die Inhalte zu gewichten,
- ❑ einen roten Faden zu entwickeln,
- ❑ sich während der Umsetzungsphase auf das Wesentliche zu konzentrieren,
- ❑ während der Präsentation den eigenen Standpunkt zu vertreten,
- ❑ dem Publikum eine klare Botschaft mit auf den Weg zu geben.

Tipp

Mit einem definierten Ziel ist es zudem leichter, Bilanz zu ziehen und die Präsentation anschließend auszuwerten:

- ❑ Haben Sie Ihre Zuhörer überzeugt?
- ❑ Ist es zu den geplanten Handlungen gekommen wie beispielsweise Budgetbewilligung, Entscheidung für das Produkt, positive Grundhaltung in Bezug auf erwähnte Umstrukturierungen?
- ❑ Wie haben die Zuhörer auf die Materialien reagiert?
- ❑ Wie war das spontane Feedback?
- ❑ Welche Verbesserungen nehmen Sie sich für die nächste Präsentation vor?

Eigene Ziele

Es ist kein Zufall, ob Sie entdeckt werden

Denken Sie bei der Definition Ihrer Ziele auch an sich: Welche individuellen Ziele verfolgen Sie mit der Präsentation? Welches Image wollen Sie bei Kunden, Kollegen, Mitarbeitern oder Vorgesetzten hinterlassen? Diese Ziele sind pures Selbstmarketing. Sie orientieren sich an Ihrer Absicht, in eigener Sache tätig zu werden und Ihre Fähigkeiten unter Beweis zu stellen.

Präsentieren bedeutet, etwas gegenwärtig zu machen, etwas vor Augen zu führen. Damit sind zwar in erster Linie die Inhalte gemeint. Allerdings haucht erst derjenige, der präsentiert, der Veranstaltung Leben ein. Und das umso eindrucksvoller, je mehr er weiß, was er will. Wir überschätzen gern, was andere von uns wissen. Betrachten und definieren Sie Ihre individuellen Ziele deshalb auch unter dem Aspekt, wie Sie die Aufmerksamkeit auf sich lenken und Ihre Leistungen ins rechte Licht rücken. Überlegen Sie, welche Informationen über Ihre Position, Ihre Erfahrungen und Motive Sie einstreuen wollen. Eigene Ziele sind beispielsweise:

- ❑ Zu Entscheidungsträgern, die an der Präsentation teilnehmen, eine positive Beziehung aufbauen
- ❑ Zeigen, dass Sie dem Thema gewachsen sind
- ❑ Sich als kreativ im Hinblick auf Lösungsansätze zeigen
- ❑ Entscheidungsfreude demonstrieren
- ❑ Das Selbstwertgefühl stärken
- ❑ Die eigene Glaubwürdigkeit erhöhen

To do

Meine persönlichen Ziele:

____

____

____

____

Wenn Sie häufiger präsentieren, bauen Sie ein Image auf. Welches soll das sein? Schreiben Sie stichpunktartig auf, welche Wirkung Sie langfristig erzielen wollen:

____

____

Ein Thema – mehrere Ziele

Das Ziel einer Unternehmenspräsentation heißt keineswegs, das Unternehmen vorzustellen. Ebenso wenig ist es das Ziel einer Produktpräsentation, lediglich die Funktionalitäten des Produkts zu beschreiben. Die Ziele solcher Präsentationen sind viel mannigfaltiger, als es die Themen je sein können:

Thema	**Ziel**	**Inhaltlicher Schwerpunkt**	**Zielgruppe**
Unternehmenspräsentation	Kooperationspartner gewinnen	Schnittstellen zum Kooperationspartner, zukünftige Strategien und mögliche gemeinsame Projekte	Mögliche Partner
	Vertrauen ins Unternehmen stärken, Kapitaldecke stärken	Geschäftsentwicklung, strategische Ausrichtung	Kapitalgeber
	Definition eines Anforderungsprofils für Imagekampagne	Leitbild erläutern, Produktpalette darlegen	Werbeagenturen

	Neugier aufs Unternehmen wecken, Image stärken, unterhaltsam sein, sich als kompetenter und flexibler Partner zeigen	Kerngeschäft darlegen, Produkte/Systeme vorstellen, die den Kunden in seinen Vorhaben unterstützen	Messekunden, Neukunden
Kundennutzen-Analyse	Wettbewerbsvorteile herausstellen; das Bewusstsein für die Einzigartigkeit der eigenen Produkte stärken; Vertriebsprozess forcieren	Nutzen für unterschiedliche Zielgruppen herausstellen; durch anschauliche Beispiele Nutzen der eigenen Produkte untermauern; Kundenbedürfnisse und Kundenentwicklung	Vertrieb
	Notwendigkeit von Neuentwicklungen herausstellen; Innovationsfreude wecken	Chancen, Möglichkeiten, Visionen; Zukunftsplan entwickeln; Kunden- und Marktentwicklung aufzeigen	Forschung & Entwicklung, Produktmanagement
Umstrukturierung der Unternehmensorganisation	Perspektive für engere Zusammenarbeit verdeutlichen	Schnittstellen aufzeigen; Brücken bauen	Vertrieb und Produktmanagement

	Vertrauen schaffen; Ängste vorwegnehmen – Lösungen aufzeigen	Umstrukturierung begründen und Konsequenzen offen benennen	Belegschaft
Einführung leistungsbezogener Vergütung	Das Okay für die Einführung bekommen	Input, anschließend Diskussion über Vor- und Nachteile	Führungsebene
	Den Betriebsrat als Koalitionspartner für die Einführung gewinnen; das Okay für die Einführung bekommen	Veränderungen zum bestehenden Entlohnungssystem verdeutlichen; Vorteile aufzeigen	Betriebsrat
	Transparenz schaffen, Vertrauen aufbauen	Positive Aspekte der leistungsbezogenen Vergütung verdeutlichen	Belegschaft

Zielgruppen ändern sich!

Das Ziel der Präsentation hängt eng mit der Zielgruppe zusammen. Ziel und Zielgruppe wiederum bestimmen die inhaltliche Ausrichtung. Sie sehen am Beispiel der Unternehmenspräsentation, wie unterschiedlich die Ziele gesteckt sein können. Jedes Ziel verlangt eine andere Struktur und Herangehensweise. Es ist ein Trugschluss zu glauben, dass eine einmal konzipierte Präsentation eine Schablone für alle weiteren Auftritte ist. Ziele und Zielgruppen ändern sich, weshalb jede Präsentation individuell, maßgeschneidert und der Situation angepasst sein muss.

Das Ziel braucht einen passenden Weg

In einem Workshop habe ich zwei unterschiedliche Präsentationen gehört zum Thema „Die Business Class der japanischen Fluggesellschaft JAL". Die Zuhörergruppe waren potenzielle Kunden dieser Fluggesellschaft. Beide Präsentatoren hatten es sich zum Ziel gesetzt, ihre Zuhörer davon zu überzeugen, dass die JAL die erste Wahl für einen Flug nach Japan, Hongkong oder Singapur ist. Der eine Präsentator wusste alles über die Auslastung der Business Class, er nannte die Quadratmeter des zur Verfügung stehenden Raums pro Passagier und die exakten Winkelangaben der verstellbaren Sitze. Der andere nannte zwar auch Zahlen und machte Winkelangaben. Diese Informationen brachte er jedoch in direkten Bezug zu den Zuhörern: Der Wohlfühlfaktor spielte eine deutlich wichtigere Rolle.

Informiert: ja – überzeugt: nein

In der anschließenden Feedbackrunde hatte aus Sicht der Zuhörer nur der zweite Vortragende das gesteckte Ziel erreicht. Für den ersten ging es ihrer Meinung nach vor allem darum, die Zuhörer über die Fluggesellschaft zu informieren. Da einige der Teilnehmer bislang noch nichts von der JAL gehört hatten, fühlten sie sich zwar informiert, nicht aber überzeugt.

In der zweiten Präsentation hatte der Vortragende es geschafft – so die Zuhörer –, die Informationen in konkrete Vorteile für die potenziellen Fluggäste umzuwandeln. Vor den Zuhörern taten sich Bilder auf: „Wenn Sie eine lange Reise vor sich haben …"

Der erste Redner wählte Passivkonstruktionen: „Der Sessel kann um 90 Grad heruntergeklappt werden." Der zweite Redner hatte mit Aktivsätzen mehr Erfolg: „Wann immer Sie es sich gemütlich machen oder einfach nur ein bisschen entspannen wollen, kippen Sie den Sessel einfach um 90 Grad."

Dickköpfigkeit verhindert Wirkung

Beide Präsentatoren haben ein Ziel erreicht – doch nur einer das, welches er sich vorgenommen hat. Wer wie der erste Präsentator auf eine sachliche und unpersönliche Sprache schwört, rechtfertigt diesen Stil mit „Ja, aber …". Die Fortsetzungen lauten zum Beispiel: „… die Zuhörer wollen Informationen und keine Weichspülerei", „… die Zuhörer brauchen Fakten. Wie sollen sie sich sonst entscheiden?" „… wir sind doch hier nicht in einer Werbeveranstaltung!"

Ich weiß, was ihr zu wollen habt!

In den „Ja, aber"-Sätzen wissen die Redner ziemlich genau, was die Zuhörer angeblich wollen und erwarten. Dieses Wissen bedeutet jedoch nichts anderes als „Ich weiß, was ihr zu wollen habt". Und das wiederum bedeutet, sich auf nichts anderes einlassen zu wollen als auf das, was man schon im Kopf hat. Das reicht, um als Rednerin schnell vergessen zu werden. Das reicht freilich nicht, um in den Zuhörern etwas zu bewegen, um sie zu überzeugen oder zum Handeln aufzufordern.

Es ist nicht genug, sich ein Ziel zu setzen. Man muss auch wissen, wie dieses Ziel zu erreichen ist. Der Satz „Ich will meine Zuhörer überzeugen" ist klasse. Doch wie wollen Sie das schaffen? Mit welchen Mitteln? Eine wichtige Sprosse auf der Leiter zur Zielerreichung ist die Sprache. Um die geht es auch im Kapitel 5: „Versuch's mal mit Persönlichkeit". Eine andere, ebenso wichtige Sprosse ist Ihr Wissen über die Zuhörer. Je mehr Sie in Erfahrung bringen, was Ihre Zuhörer beschäftigt und interessiert, desto sicherer bewegen Sie sich auf der Zielgeraden. Wie Sie Ihre Zuhörer analysieren, erfahren Sie im folgenden Kapitel.

3 Wünsch dir was

Redner möchten über ein Thema informieren, sie möchten überzeugen, um mehr Kapazitäten, mehr finanzielle Mittel oder mehr Sachzuwendungen zu erhalten. Sie wollen einen guten Eindruck hinterlassen, Werbung für sich und die Einrichtung betreiben, Zustimmung finden.
Auch Zuhörer haben Wünsche: Sie möchten eine verständliche Präsentation, eine erkennbare Struktur und einen logischen Aufbau. Sie möchten sich weder langweilen noch das Gefühl haben, ihre Zeit zu verschwenden.

Tipp

Ein Songtitel von Udo Lindenberg hat den schönen Titel „Hinterm Horizont geht's weiter". Bezogen auf Ihre Präsentation heißt das, die Perspektive der Zuhörer zu erweitern.

Zuhörer gewinnen

Der Dramatiker Oscar Wilde erlebte einst bei einer Theaterpremiere ein fürchterliches Fiasko. Dabei war er mit seinem Werk hoch zufrieden gewesen. Trotzig äußerte er sich der Presse gegenüber: „Das Stück war ein großer Erfolg, aber das Publikum eine glatte Fehlbesetzung."
Zwei typische Situationen:

- Das Konzept einer neuen Produktlinie, an dessen Ausarbeitung die Vortragende maßgeblich mitgearbeitet hat, soll dem Vertrieb und der Marketingabteilung vorgestellt werden.

Während der Vorbereitung auf die Präsentation erachtet die Rednerin jeden Aspekt für relevant und unverzichtbar. Außerdem müssen, damit das Produkt einwandfrei läuft, technische Voraussetzungen erfüllt sein. Auch darauf möchte die Rednerin detailliert eingehen. Nach der Präsentation bleibt sie enttäuscht zurück. Sie merkt: Vertrieb und Marketing sind nicht begeistert. Sie sieht sich in ihrer Einschätzung bestätigt, dass die zwei Abteilungen aus Ignoranten bestehen.

- ❑ Ein Unternehmen hat es sich zur Aufgabe gemacht, neue Mitarbeiter zu versammeln und ihnen mittels einer Bildschirmpräsentation das Unternehmen vorzustellen. Eine langjährige Mitarbeiterin wird mit dieser Aufgabe betraut. Sie entscheidet sich für die offizielle Firmenpräsentation und ist während und nach der Vorstellung irritiert über die mangelnde Aufmerksamkeit ihrer Zuhörer.

Was ist hier schiefgelaufen? Beide Präsentationen sitzen dem Irrtum auf, dass sie zum Bersten angefüllt sein sollen mit Informationen und Inhalten. Obendrein haben sich die Vortragenden wenig bis keine Gedanken über ihre Ziele und ihren Zuhörerkreis gemacht. So wird im ersten Beispiel das Konzept minutiös erläutert, während die Zuhörer eher an Vermarktungsstrategien und Kundennutzen interessiert sind. In der Unternehmenspräsentation wird erläutert, was die neuen Mitarbeiter spätestens seit ihrer Vorbereitung auf das Vorstellungsgespräch über die Firma wissen.

Warum?

Warum sollte Ihnen jemand zuhören?

Warum sollte Ihnen jemand zuhören? Weil Sie sympathisch sind? Ein tolles Produkt vorzustellen haben? Einen Wettbewerb gewinnen wollen? Einer oder mehrere dieser Gründe mögen aus Ihrer Perspektive im Mittelpunkt stehen. Der Zuhörer aber stellt sich selbst ins Zentrum und will nur eine Frage beantwortet haben: „Was bringt mir das?“ Und damit sind wir auch schon bei der entscheidenden Frage: Wer oder was, glauben Sie, steht bei einer Präsentation im Mittelpunkt?

a) die Folien,
b) der Redner, denn der hat schließlich die Arbeit damit,
c) die Zuhörer.

Erste Priorität: Ihre Zuhörer

Alberne Frage? Fürwahr. Doch warum gleichen dann so viele Präsentationen einer Folienschlacht? Warum hält jemand einen Vortrag ohne ersichtliches Interesse am Publikum? Weil diese Präsentatoren nicht wissen, dass der Zuhörer das Maß aller Dinge ist? Weil sie nicht wissen, dass eine Präsentation eine Dienstleistung am Publikum ist? Möglicherweise wissen sie es – und setzen dennoch andere Prioritäten. Denn um es gleich vorweg zu sagen: Das Interesse an Ihren Zuhörern kostet Sie Zeit. Sich Gedanken über die Bedürfnisse der Teilnehmer zu machen ist tagesfüllend. Man schüttelt nicht mal so eben aus dem Ärmel, wie die unterschiedlichen Personengruppen am besten angesprochen werden, ob sie eher auf Fakten oder Bilder reagieren und wie ihre Einstellung zum Thema ist. Das braucht eine Weile. Tröstlich ist immerhin: Die Zeit ist hervorragend investiert.

Erfolgreiche Rednerinnen und Redner machen die Zuhöreranalyse in Kombination mit dem Thema und dem Ziel der Präsentation zu ihrer ersten Priorität. Machen Sie es ihnen nach. Viele Ihrer Mitstreiter verfahren nämlich anders und investieren die Zeit in aufwendige Folien. Dass die Präsentation in erster Linie dem Publikum gefallen muss und nicht ihnen selbst, hat ihnen in dieser Deutlichkeit entweder noch keiner gesagt – oder sie haben es zwar schon mal gehört, dann aber sogleich erfolgreich verdrängt.

Der Beginn einer wunderbaren Freundschaft

Zuhörer haben eine äußerst sensible Antenne für die Frage, wie wichtig sie dem Redner sind. Und je stärker Sie die Welt aus dem Blickwinkel Ihrer Zuhörer sehen, ihre Erwartungshaltung kennen und ihnen einen Nutzen in Aussicht stellen, desto größer ist wiederum Ihr Nutzen: der Aufbau einer positiven Beziehung. Dazu eine kleine Geschichte: Zwei Prinzen halten um die Hand einer Prinzessin an. Der erste sagt: „Mein Besitz ist sehr groß. Ich habe mindestens 1000 Kamele …“ Der zweite dagegen sagt: „Ihr zukünftiger Besitz ist unvorstellbar groß, denn Ihnen werden nicht nur meine Ländereien, sondern auch alles, was darauf ist, gehören.“ – Wen würden Sie als Prinzessin zum Mann nehmen?

1000 Kamele

Mit den Zuhörern in Kontakt kommen

Die Charmeoffensive: Das Publikum umgarnen

Vor Publikum zu präsentieren heißt auch, mit dem Publikum in eine Beziehung zu treten. Diese Beziehung beinhaltet Umschmeichelung, Durchsetzungsstärke, Spiel und natürlich Spaß. Jeder Präsentator möchte etwas von seinem Publikum. Auch Sie. Umschmeicheln Sie es mit einem souveränen und charmanten Augenzwinkern. Machen Sie Ihren Zuhörern Komplimente. Denn einem Kompliment kann sich niemand entziehen. Auch Ihre männlichen Zuhörer nicht. Die Kombination aus Komplimenten und daraus abgeleiteten Argumenten ist unwiderstehlich: „Ihre Expansion auf dem asiatischen Markt gleicht einem kometenhaften Aufstieg. Kompliment! Inzwischen haben Sie ein chinesisches Management engagiert, wodurch die interkulturelle Herausforderung wächst. Wir bieten Ihren Mitarbeiter mit unserer Plattform eine Möglichkeit, sich auf den Austausch vorzubereiten …“ Nutzen Sie diese Strategie für Ihr Anliegen. Sie finden das alles viel zu manipulativ? Nein, meine Damen, das ist charismatische Klugheit.

> Die Beziehung zwischen Ihnen und dem Publikum ist gekennzeichnet von Aktion und Reaktion. Mal agieren Sie mehr, mal Ihr Publikum. Beobachten Sie das Wechselspiel zwischen Redner und Publikum in Präsentationen, an denen Sie als Zuhörerin teilnehmen. Wie geht der Redner auf Fragen, skeptische Blicke oder Unruhe ein? Der Präsentator verliert meistens dann den Draht zu seinen Zuhörern, wenn er für die Reaktionen aus dem Publikum taub und blind wird. Das Wechselspiel ist gescheitert. Die Zuhörer haben das Gefühl, einem Monolog beizuwohnen, da der Redner ohne Kontakt zum Publikum agiert.

Zeigen Sie den Zuhörern, dass Sie etwas über sie wissen

Anknüpfungspunkte finden

Auf Konzerten tobt regelmäßig der Saal, sobald ein Bandmitglied die Begrüßung unter Angabe der Stadt, in der die Gruppe gerade auftritt, ins Publikum brüllt: „Hello Frankfurt!" Schon diese nur geringe Anpassung des Konzertablaufs an das Publikum bringt der Band tosenden Applaus und lässt den Funken zum Publikum überspringen. Schauen Sie sich die Website des Unternehmens an, vor dem Sie präsentieren: Gibt es eine Abbildung oder ein Zitat, mit der/dem sich eine Verbindung zu Ihnen herstellen lässt? Lassen sich Formulierungen aus dem Leitbild verwenden? Im Leitbild stehen die Visionen, Strategien und Ziele des Unternehmens. Diese Texte wimmeln oft von Begriffen wie „Wandel", „Fortschritt" oder „Orientierung am Kunden". Lassen Sie deutlich werden, dass Sie sich mit dem Unternehmen auseinandergesetzt haben:
„Sie sind ein Unternehmen, das am Fortschritt mitarbeitet. Für Sie ist es wichtig, auch im Interesse Ihrer Kunden mit der neuesten Laseroptik zu arbeiten. Wir stellen sie her!"
Wenn das Unternehmen in einer anderen Stadt ist: Lesen Sie lokale Nachrichten im Internet und nehmen Sie in Ihrer Rede Bezug auf ein Ereignis. Nutzen Sie Google Earth, um etwas über die Umgebung herauszubekommen. Gibt es Berge, Flüsse, Grünflä-

chen in der Nähe des Firmensitzes? Mit diesen Informationen geben Sie Ihrer Präsentation mehr Individualität und persönliche Frische. Die Zuhörer freuen sich, dass sie eine auf sie zugeschnittene Rede hören.

Tipp Wer auf etwas Bezug nimmt, das unmittelbar mit dem Unternehmen zusammenhängt, tut natürlich auch etwas fürs eigene Image. Sie werden als gute, aufmerksame und konzentrierte Beobachterin eingeschätzt. Darüber hinaus nutzt Ihnen die Recherche für die kleinen Gespräche vor und nach der Präsentation.

Ihr Ziel und die Erwartungshaltung des Publikums

Die Schnittmenge analysieren

Je größer die Schnittmenge des gemeinsamen Wissens ist, umso mehr Neues wollen die Zuhörer erfahren. Gibt es neue Untersuchungen? Haben Sie eine provokante These, mit der Sie Ihr Thema unter einem anderen Gesichtspunkt beleuchten können? Langweilen Sie Ihr Publikum nicht mit allzu Bekanntem und Selbstverständlichem. Das Urteil wird sonst gnadenlos sein: „Das haben wir schon tausendmal gehört. Haben Sie nichts Neues im Koffer?"

Ist die Schnittmenge gering, brauchen Sie zumindest einen Anknüpfungspunkt, um ins Thema reinzukommen. Wenn es um Veränderungen im Arbeitsalltag Ihrer Zuhörer geht, werden einige – wenn nicht gar alle – Ihnen gegenüber kritisch eingestellt sein. Wer gleich mit den Vorteilen einer neuen Software oder eines veränderten Arbeitsprozesses loslegt, hat in den meisten Fällen schon zu Beginn verloren. Die gemeinsame Schnittmenge sollte das Verständnis für die Vorbehalte und Ängste sein. Doch die meisten Präsentatoren beschönigen Neuerungen mit Worten wie: „Keine Angst, das neue Programm unterscheidet sich gar nicht so besonders von Ihrem bisherigen. Die Vorteile werden Sie schnell zu

schätzen wissen." Ach so, interessant. Woher will der Redner das wissen? Was unterstellt er den Zuhörern da eigentlich?
Wie finden Sie diesen Einstieg:

Verständnis und Ehrlichkeit

„Eine neue Software? Bedeutet das nicht Sucherei nach Funktionen, also mehr Zeitaufwand? Liegt darin nicht auch die Gefahr, Fehler zu machen, weil man mit dem Programm noch nicht so vertraut ist? Ja, das heißt es. Und deswegen bin ich hier. Ich werde Ihnen das Programm vorstellen, auf Ähnlichkeiten und Gemeinsamkeiten zur bisherigen Anwendung hinweisen und mit Ihnen die Funktionen Schritt für Schritt durchgehen."
Nichts ist entwaffnender als Ehrlichkeit. Lassen Sie schnöselige Unterstellungen und Versprechungen. Bauen Sie stattdessen eine Gemeinsamkeit mit Ihren Zuhörern auf, indem Sie die Ängste, Befürchtungen, Erwartungen bestätigen und Ihrem Publikum signalisieren: „Ich verstehe Ihre Befürchtungen. Lassen Sie uns gemeinsam alles dafür tun, dass diese Befürchtungen nicht eintreffen." Und da ist sie: die Beziehungsebene. Unsere Einstellung zum Publikum teilt sich den Zuhörern auf der Beziehungsebene mit. Wer Vorbehalte nicht ernst nimmt und pastoral („Ich weiß, was für meine zuhörenden Schäfchen das Beste ist.") oder arrogant auftritt („Vergessen Sie Ihr bisheriges Programm. Mit der neuen Anwendung werden Sie weitaus effizienter arbeiten."), hat das Band zum Publikum bereits durchtrennt, bevor es überhaupt geknüpft ist.
Von oben herab lässt sich niemand gern die Welt erklären. Das hat die Kirche schon vor langer Zeit erkannt und das Predigen von der Kanzel abgeschafft. Wenn Sie eine Beziehung zu Ihren Zuhörern aufbauen wollen, dann schauen Sie sich Welt aus deren Perspektive an – und lassen Sie es sie wissen.

Die Zuhörer unter die Lupe nehmen

Mit detaillierten Kenntnissen über Ihre Zuhörer können Sie Thema und Ziel Ihres Vortrags optimal auf das Publikum abstimmen. Wenn Sie nur vage Vermutungen haben, bitten Sie den Veranstalter um weitere Informationen oder recherchieren Sie selbst auf der Website und in Unternehmensbroschüren. Die Selbstdarstellung eines Unternehmens lässt oftmals Rückschlüsse auf die Philosophie, Wertevorstellungen und Arbeitsweise zu. Schauen Sie sich die Referenz- oder Kundenliste an. Gibt es Überschneidungen, eventuell Konkurrenzsituationen, die zu berücksichtigen sind? Lassen sich Übereinstimmungen finden zum Unternehmen, das Sie repräsentieren? Welche lösen positive Gefühle aus, welche können unter Umständen heikel sein und Einwände verursachen?

Die Publikumsanalyse vor der Präsentation

z.B. Stellen Sie sich vor, Sie arbeiten in einem mittelständischen Unternehmen für Steuerungstechnik für Rollläden und Sonnenschutz. Sie werden gebeten, vor einer Gruppe potenzieller Investoren einen Überblick über Ihre Firma zu geben. Die Publikumsanalyse hilft Ihnen, die Präsentation zu gestalten und Schwerpunkte zu setzen. Sind einige der Investoren Ingenieure? Dann nutzen Sie die Technikbegeisterung dieser Zuhörer und legen die Vorzüge Ihrer Produkte anschaulich dar. Sind es professionelle Anlageberater? Diese Zuhörer werden sich eher für den Finanzstatus Ihres Unternehmens interessieren. Ausgeklügeltes Zahlenmaterial begeistert sie mehr als detaillierte Beschreibungen der Steuertechnik.

Je mehr Sie über Beruf, Interessen und Vorbildung wissen, desto gezielter lässt sich das Interesse des Publikums wecken und aufrechterhalten. Zugleich erhöhen Sie die Wahrscheinlichkeit, dass für jeden Zuhörer etwas Aufschlussreiches, Neues und Hörenswertes dabei ist.

Tipp

> Mit einem umfangreichen Wissen über Ihre Zuhörer treten Sie selbstsicherer auf. Sie reagieren flexibler und wissen Kritik besser einzuordnen. Denn etwaige Einwände richten sich nicht unbedingt gegen Sie. Wenn Sie sich beispielsweise bereits in der Vorbereitungsphase damit auseinandersetzen, dass Ihre Präsentation aufgrund von Interessenkonflikten schlummernde Machtkämpfe wecken könnte, fällt es Ihnen während der Veranstaltung leichter, angemessen darauf zu reagieren.

Darüber sollten Sie sich vor einer Präsentation/Rede informieren:

Achtung, Fallstricke!

- ❑ *Was wissen die Zuhörer über das Thema?* Das ist eine der wichtigsten Fragen, die es zu klären gilt. Denn wenn Sie keine Ahnung vom Wissensstand Ihrer Zuhörer haben, lauern zwei Fallstricke auf Sie. Der erste: Sie reden über die Köpfe der Zuhörer hinweg, setzen zu viel an Vorkenntnissen voraus und überfordern das Publikum mit fachspezifischem Detailwissen. Der zweite Fallstrick: Sie begeben sich auf ein Niveau, das kein Hintergrundwissen voraussetzt, und erklären den Zuhörern die Welt, als seien sie Aliens.
  Entscheidend ist die richtige Dosis Abstraktion und Vereinfachung, die weder den Vorstand für dumm verkauft noch den Arbeiter am Fließband durch Fachbegriffe ausgrenzt. Damit Sie ungefähr das Niveau Ihrer Zuhörerschaft treffen, fragen Sie sich: Warum sind die Zuhörer an dem Thema interessiert? Aus Neugier? Um Wissen aufzufrischen? Um Arbeitsabläufe besser zu verstehen? Weil der Chef meint, dass das Thema interessant ist?
- ❑ *Sind die Zuhörer bereits mit Ihren Ansichten über das Thema vertraut?* Haben die Zuhörer schon andere Wettbewerber, Experten zu diesem Thema gehört? Wenn Sie an einer Ausschreibung teilnehmen, überlegen Sie, wie die Wettbewerber wahrscheinlich präsentieren, und machen Sie es auf jeden Fall anders. Mehr dazu im Kapitel 5 „Versuch's mal mit Persönlichkeit“.

- *Welche Erfahrungen haben die Zuhörer bislang mit Ihnen/ Ihrem Unternehmen/Ihren Produkten gemacht?* Sind die Erfahrungen eher negativ, starten Sie die Präsentation am besten so offen wie möglich. Beschönigen Sie nichts, sondern geben Sie gleich zu Beginn zu, dass die Zusammenarbeit bislang schwierig war. Treten Sie offensiv statt defensiv auf.

Auf Skeptiker offen zugehen

- *Wie stehen die Zuhörer zum Thema?* Wenn Sie wissen oder ahnen, dass die Zuhörer Ihren Vorschlägen skeptisch bis ablehnend gegenüberstehen, ändert sich zwangsläufig die Dramaturgie. Denn die Skeptiker stehen auf der anderen Seite der Brücke. Deshalb gilt es, sich erst einmal dorthin zu begeben und die Zuhörer dann mit auf Ihre Seite zu nehmen. Mit einer behutsamen und verständnisvollen Herangehensweise klappt das in den meisten Fällen ganz gut.

Freiwillige oder unfreiwillige Zuhörer?

- *Was veranlasst die Zuhörer, zu der Präsentation zu kommen?* Kommen sie freiwillig? Werden sie geschickt? Freiwillige Zuhörer sind häufig weniger argwöhnisch als die geschickten. Wer nicht aus eigenem Antrieb dabei ist, sitzt eventuell mit verschränkten Armen und mit teilnahmslosem bis provozierendem Blick vor Ihnen. Eine solche Anti-Haltung richtet sich in den wenigsten Fällen gegen Sie persönlich. Die Haltung drückt vielmehr den Ärger über denjenigen aus, der einen geschickt hat. Nur leider bekommen Sie den Groll ab. Wenn Sie wissen, dass die Zuhörer Ihnen nicht aus eigenen Stücken lauschen, gehen Sie offen mit der Situation um: „Ich weiß, dass Sie nicht freiwillig hier sind. Ich lade Sie ein, mir zuzuhören und die Inhalte gemeinsam mit mir zu diskutieren. Vielleicht finden wir Anknüpfungspunkte, die uns näher zusammenrücken lassen."
- *Handelt es sich um eine homogene Gruppe oder werden Teilnehmer aus unterschiedlichen Abteilungen erwartet?* In vielen Betrieben hegen die Abteilungen Forschung & Entwicklung und Vertrieb keine offenkundigen Sympathien füreinander. Auch Marketing und Vertrieb pflegen ein eher distanziertes Verhältnis. Wenn Sie um eine solche Zusammensetzung

des Publikums wissen, halten Sie für beide Gruppen gleich viele Argumente bereit. Versuchen Sie vor allem, so neutral wie möglich zu sein, auch wenn Ihnen eine der Gruppen sympathischer ist.

- *Welche Werte gelten für Ihre Zuhörer?* Was ist ihnen wichtig? Einer Non-Profit-Organisation sind sicherlich das soziale Engagement und das Renommee in der Öffentlichkeit wichtig. Bei einem Industrieunternehmen geht es wahrscheinlich um den Gewinn der Firma, die Zufriedenheit der Kunden, die Zufriedenheit der Mitarbeiter und die Abgrenzung zur Konkurrenz.

Tipp

Stehen Sie dem Thema skeptisch gegenüber, dann machen Sie sich am besten zu Ihrer eigenen Zielgruppe. Überlegen Sie, welche Informationen Ihnen helfen würden, das Thema besser zu verstehen und einzuordnen. Welche Vorbehalte haben Sie? Mit welchen Erläuterungen und Argumenten könnten Ihre Vorbehalte aus dem Weg geräumt werden? Wie wichtig wäre Ihnen die Beziehungsebene? Oder sollte der Präsentator gleich zur Sache kommen?

Was verschiedene Persönlichkeitstypen erwarten

Mit Lösungen und Ergebnissen punkten

Geschäftsführer wollen Ergebnisse, keine Details. Sie wollen wissen, welche Vorteile Ihre Lösung hat und welche Nachteile sich mithilfe dieser Lösung vermeiden lassen. Viele Redner meinen, gerade in Präsentationen vor Führungskräften ihr Wissen hemmungslos zur Schau stellen zu müssen. Die Führungskräfte und Vorstände haben jedoch wenig Zeit und sind ungeduldige Zuhörer. Die Funktion einer Präsentation besteht für sie in den meisten Fällen im effizienten Zuarbeiten. Sie erwarten Lösungen, Ergebnisse und Entscheidungsgrundlagen. Führungskräfte möchten keinesfalls ein Gesamtpaket aufgeschnürt bekommen und nach und nach vom Allgemeinen zum Besonderen geführt werden. Präsentieren Sie sich in einer solchen Situation nicht als Zeitfresser. Liefern Sie

Ihren Zuhörern alle notwendigen Informationen. Streichen Sie rigoros alles, was zwar Ihr Wissen unter Beweis stellt, aber nicht die Quintessenz Ihrer Recherche und Auseinandersetzung mit dem Thema ist. Würzen Sie eine solche Quintessenz mit anschaulichen Beispielen, die gut zu merken und leicht weiterzuerzählen sind.

Tipp Leitende Angestellte und Manager geben die Inhalte einer Präsentation häufig an Dritte weiter. Deshalb brauchen sie anschaulich geschilderte Beispiele, die den Nutzen des Anliegens deutlich machen. Für diese Gruppe von Zuhörern sind Sie so etwas wie ein Ghostwriter. Sie geben die Inhalte vor, welche die Manager wiederum in die Arbeitsgruppen und Meetings tragen. Je konkreter Sie die Inhalte aufbereiten und je glaubwürdiger Sie diese vortragen, desto wahrscheinlicher ist es, dass sie in Ihrem Sinne weitergegeben werden.

Buchhalter und Techniker sind die Fakten-Orientierten. Ich nenne sie die Stiftung-Warentest-Leser. Sie lieben Details und exakte Angaben. Sie folgen Ihrem Anliegen erst, nachdem sie alle verfügbaren Informationen gesichtet und ausgewertet haben. Halten Sie für diese Gruppe auch die dritten Nachkommastellen bereit.

Checkliste für die Zuhöreranalyse

	Weiß ich	Noch herausfinden
Wer wird kommen? Ist es eine homogene oder eine gemischte Gruppe?	❑	❑
Welchen Kenntnisstand haben die einzelnen Teilnehmer?	❑	❑
Weiß die eine Teilnehmergruppe möglicherweise mehr als die andere?	❑	❑

Wie stehen die Zuhörer zum Thema? Sind sie dem Thema mehrheitlich positiv, neutral oder ablehnend gegenüber eingestellt?	❑	❑
Kommen die Zuhörer freiwillig, werden sie geschickt oder bezahlen sie dafür?	❑	❑
Was interessiert die Zuhörer?	❑	❑

To do

Notieren Sie: Versetzen Sie sich in einen Ihrer Zuhörer und fragen Sie sich aus seinem Blickwinkel: „Was könnte mich überzeugen? Was könnte mich begeistern?“

____

____

Überlegen Sie: Warum ist es für Ihre Zuhörer gut, sich von Ihnen überzeugen zu lassen? Was haben sie davon?

____

____

Das Ishikawa-Diagramm für die Zuhöreranalyse

Als Alternative zu der Checkliste eignet sich auch das Ishikawa-Diagramm, das aufgrund seiner Form auch Fischgräten-Diagramm genannt wird. (Weitergehende Informationen zu dieser Technik erhalten Sie ab Seite 57.) Die Oberbegriffe für die einzelnen Kategorien sind austauschbar. Statt „Unternehmen“ können Sie ebenso „Zuhörer“ wählen, statt „Verbindungen zum eigenen Unternehmen“ den Begriff „Mitbewerber“.

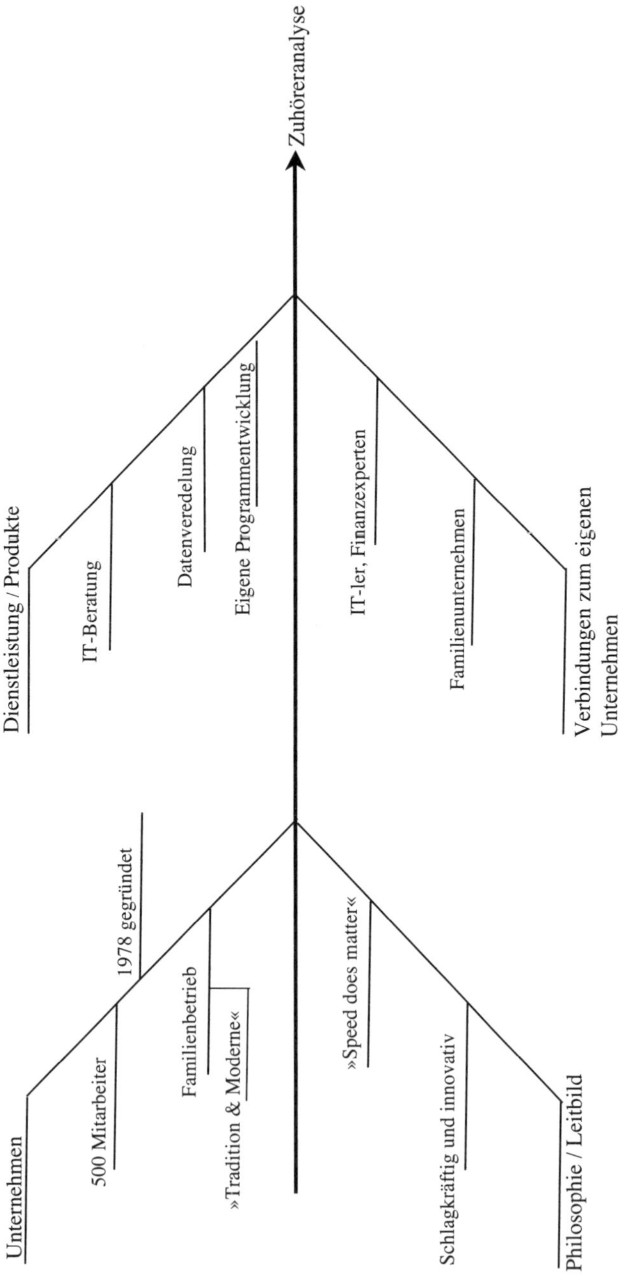
Zuhöreranalyse
Unternehmen
500 Mitarbeiter
1978 gegründet
Familienbetrieb
»Tradition & Moderne«
Philosophie / Leitbild
»Speed does matter«
Schlagkräftig und innovativ
Dienstleistung / Produkte
IT-Beratung
Datenveredelung
Eigene Programmentwicklung
IT-ler, Finanzexperten
Familienunternehmen
Verbindungen zum eigenen Unternehmen

Eine interne Präsentation vorbereiten

Präsentationen im eigenen Unternehmen – nichts leichter als das? Nicht unbedingt. Sicher geglaubte Beförderungstermine sind nach einer Präsentation schon auf unbestimmte Zeit verschoben worden. Deshalb machen Sie sich am besten auch vor internen Präsentationen Gedanken über die Erwartungshaltung der Mitarbeiter und Kollegen und holen Auskünfte über aktuelle Entwicklungen oder Tendenzen ein. Hier können Sie viel Anerkennung und Renommee gewinnen – aber auch viel verlieren. Die Kollegen, vor denen Sie präsentieren, sehen Sie jeden Tag. Schon so mancher hat nach einer Präsentation gegen ein Negativ-Image ankämpfen müssen, weil er wegen mangelnder Informationen in einen Fettnapf getreten ist oder sich unnötigerweise als wenig kompetent geoutet hat.

Wer präsentiert, wird wahrgenommen

Bei Präsentationen im eigenen Unternehmen spielen natürlich auch Ihre individuellen Ziele eine gewichtige Rolle. Wer präsentiert, ist präsent, wird wahrgenommen, steht im Mittelpunkt. Wenn Sie präsentieren, hört man Ihnen im besten Fall nicht nur zu, sondern hört auch auf Sie. Nutzen Sie das aus. Denn in vielen anderen Situationen – ob in Meetings oder bei informellen Treffen – haben Sie häufig nur wenige Sekunden, um Ihr Anliegen vorzutragen oder eine Argumentationskette aufzubauen.

Konkret werden – strategisch vorgehen

Ich verrate Ihnen eine große Schwäche, die Männer oft beim Präsentieren zeigen, und sage Ihnen, wie Sie diese Schwäche für sich nutzen können. Die Schwäche ist die absolute Begeisterung für das Produkt, um das es geht. Männer sind häufig so entflammt von dem, was sie präsentieren, dass sie die Perspektive des potenziellen Kunden gar nicht mehr wahrnehmen. Das ist ungefähr so, als müsse das Essen dem Koch schmecken und nicht dem Gast. Sie preisen die Komponenten des Produkts in den höchsten Tönen und versäumen – zu Ihrem Glück – , den Nutzen herauszustellen. Was können die Zuhörer mit dem Produkt/der Dienstleistung konkret anfangen? Welche praktischen Erfahrungswerte gibt es? Wo liegt das Erfolgspotenzial für diejenigen, für die das Produkt/die Dienstleistung gedacht ist? Gehen Sie bei Konkurrenzsituationen stets davon aus, dass Ihre männlichen Mitbewerber begeistert alle technischen Details mithilfe von glanzvollen Folien präsentieren. Das ist theoretischer Nebel, der wunderbar fürs Ego sein mag, doch wenig brauchbar für eine gute Beziehung zum Kunden.

Legen Sie sich stattdessen eine Strategie zurecht, die von vornherein auf Klarheit und Weitsicht ausgerichtet ist. Geben Sie konkrete Antworten auf die entscheidenden Fragen: Was hat der Kunde davon? Welche Vorteile bringt es ihm?

Der richtige Zeitpunkt

Zur Strategie gehört auch der Zeitpunkt für die Präsentation. Wenn Sie Einfluss auf den Ablauf haben, lassen Sie Ihrem Mitbewerber den Vortritt. Umso mehr können Sie mit Ihrem Auftritt punkten. Was ist aber, wenn der Mitbewerber doch den Nutzen aufzeigt? Dann haben Sie immer noch den Vorteil, als Letzte zu präsentieren und damit sehr viel stärker in Erinnerung zu bleiben.

Und wenn der Mitbewerber eine Frau ist, die eine ähnliche Taktik verfolgt wie Sie? Die Taktik mag eine ähnliche sein. Die Herangehensweise unterscheidet Sie von dieser Dame, wenn Sie an drei Aspekten Ihrer Präsentation feilen: Erstens am Einstieg – die allermeisten Präsentationen beginnen mit den Worten: „Guten Tag, ich begrüße Sie …“. Zweitens an Ihrer Sprache. Verwenden Sie eine klare Sprache und sprechen Sie Ihre Zuhörer direkt an. Und drittens am Schluss – die allermeisten Präsentationen enden mit den Worten: „Vielen Dank für Ihre Aufmerksamkeit.“ Sie werden in Ihrer Präsentation einen Schluss setzen, mit dem Sie einen bleibenden Eindruck hinterlassen. Einen positiven, versteht sich!

Trumpfkarten

Wer Widersacher unter den Zuhörern erwartet oder mit wissenschaftsgläubigen Teilnehmern rechnet, wappnet sich am besten mit entsprechenden Vorkehrungen. Ins Repertoire der erstklassigen Vorbereitung gehören deshalb ein paar Tricks, die anzuwenden wahrlich nicht schadet.

Mitstreiter gewinnen

Gewinnen Sie Mitstreiter

Sie rechnen mit Gegenspielern? Sie ahnen, dass einige Ihrer Zuhörer Ihre Argumentation zerpflücken werden? Dann gilt es, mit einem strategischen Masterplan in die Präsentation zu gehen: Gewinnen Sie zwei bis drei Mitstreiter, die bereit sind, sich für Ihre Ideen unmittelbar nach der Präsentation zu begeistern. Für Ihre Kritiker wird es nun ungemütlich. Denn jetzt wissen sie, dass sie mit ihren Gegenargumenten auf eine Front an Befürwortern stoßen werden. Diese Erkenntnis hat schon so manchen Nörgler dazu bewogen, sich zurückzuhalten.

Widersacher in die Schranken weisen

Sehr wirkungsvoll ist diese Strategie auch, wenn Sie einen Widersacher befürchten, der Sie durch boshaftes Nachfragen bloßzustellen versucht. Überlegen Sie, welche Zuhörer in einem solchen Fall in die Bresche springen können. Bitten Sie diese Zuhörer um Unterstützung. Deuten Sie an, dass Sie mit Gegenwind von Teilnehmer X rechnen. Sobald der Teilnehmer mit seiner Kritik loslegt, weisen ihn die eingeweihten Zuhörer darauf hin, dieses Randthema doch bitte in der Pause zu erörtern. Es gibt kaum einen Kritiker, der sich jetzt noch traut, Sie mit weiteren Bemerkungen in die Enge zu treiben.

Funktionale Freundschaften

Wenn Männer sich Mitstreiter und Verbündete aussuchen, tritt die Sympathiefrage in den Hintergrund. Sie wählen für ihr Ziel die Stärksten, Mächtigsten, Geeignetsten. Im Job geht es um Ergebnisse und Erfolge. Männer bauen darauf ihre Strategie auf. Frauen suchen ihre Mitstreiter und Verbündeten mehr nach Sympathie aus. Dabei passiert es dann manchmal, dass ein solcher Mitstreiter bei Themen, die Sie vertreten und für die Sie Unterstützung benötigen, mutlos in sich zusammensackt. Bauen Sie sich rechtzeitig vor großen Auftritten ein Netzwerk auf, das aus Meinungsmachern, Führungskräften, Schnittstellenmanagern, Vertrieblern besteht. Machen Sie ernst mit dem Netzwerken und pflegen Sie Ihre Kontakte. Je stärker Ihre Position im Netzwerk ist, desto eher wird man Ihre Ansichten unterstützen. Wenn Sie ein Netzwerk aufbauen, erwägen Sie ganz genau, wer dafür infrage kommt. Potenziellen Konkurrenten gehört ebenso die rote Karte gezeigt wie Kollegen, die gern mit den Ideen anderer ihre Lorbeerkränze flechten.

Rechtzeitig Netzwerke knüpfen

Studien, Statistiken, Autoritäten

Bei Teilnehmern, die Fakten lieben, lohnt sich diese Strategie: Berufen Sie sich auf Studien und Autoritäten.

- „Verschiedene Umfragen des statistischen Bundesamtes zeigen …"
- „Studien des Max-Planck-Instituts haben ergeben …"
- „Führende Wirtschaftswissenschaftler der St. Gallen Universität vertreten die Ansicht …"

Nutzen Sie die menschliche Wissenschaftsgläubigkeit

Nutzen Sie die menschliche Wissenschaftsgläubigkeit, um Ihre Argumente zu untermauern. Verweisen Sie auf Autoritäten, die Ihre Zuhörer kennen und akzeptieren. Lassen Sie die Erkenntnisse führender Institute wie beiläufig in die Präsentation mit einfließen. Auf keinen Fall sollten Sie sich in fast trotzigem Ton erst in der Diskussion an die Autoritäten erinnern nach dem Motto: „Doch, das ist so. Das haben schließlich auch schon Studien des Max-Planck-Instituts ergeben!"

Fazit

Die Vorbereitung auf eine Präsentation, die Zielfindung und die Analyse Ihrer Zuhörer lassen sich mit Tätigkeiten und Funktionen aus dem zünftigen Seemannsleben vergleichen. Für die Zuhöreranalyse hilft der Leuchtturm-Blick. Bewegen Sie die Scheinwerfer in alle Richtungen und halten Sie nach möglichen Interessen Ausschau. Das Zuhörerverhalten beziehungsweise die Aufnahmekapazität von Zuhörern ist im gewissen Sinne schizophren. Auf der einen Seite möchten Zuhörer Neues erfahren und ihren Horizont erweitern. Auf der anderen Seite darf es aber auch nicht zu viel Neues sein, da zu viel Unbekanntes überfordert und ermüdet.
Dann schauen Sie sich an, wohin Sie wollen, und stecken die Koordinaten fest. An Bord nehmen Sie mehrere Rollen ein:

Ihre Rollen an Bord

- Die Kapitänin: Sie kennen das Ziel, haben den Weg berechnet, wissen, wann das Schiff ablegt, und steuern ohne Umwege auf das Ziel zu.
- Der erste Ingenieur: Sie haben einen strategischen Masterplan ausgearbeitet. Sie haben Verbündete und mit Meuterern wissen Sie umzugehen.
- Der Ausguck: Sie haben die Zuhörer im Blick, sehen, wie die Zuhörer auf Sie reagieren, ob sie Ihnen zuhören oder ob sich Fragezeichen in ihren Gesichtern bilden. Wenn Zuhörer sich anderen Dingen widmen oder mit den Nachbarn anfangen zu diskutieren, ist es an der Zeit, ein Rettungsboot auszusenden. Denn diese Zuhörer sind längst über Bord. Ihr Rettungsboot sind Fragen: „Ich sehe, dass Unklarheiten aufgetaucht sind?“ „Gibt es noch etwas zu klären?“
- Die Schiffsköchin: Wie der Schiffskoch fürs leibliche Wohl sorgt, so sorgen Sie im übertragenen Sinne für die Beziehungsebene.

4 Was sage ich meinen Zuhörern?

Siehst du die Uhr da an der Wand?
In fünf Minuten wirst du nicht glauben,
was ich dir gerade erzählt habe.
David Lynch: *Blue Velvet*

Informationsflut

Wenn es nicht gerade nur fünf Minuten sind, die man für eine Präsentation eingeräumt bekommt, ist die Vorbereitung auf eine Präsentation für viele mit der Frage verbunden: „Wie soll ich die Redezeit bloß füllen?" Sind die Materialien gesichtet und gesammelt, stellt sich eine ganz andere Frage: „Wie soll ich das bloß alles in der vorgegebenen Zeit unterbringen?" Dass Zuhörer Informationen nur bis zu einem bestimmten Maß aufnehmen können, ist zwar in der Theorie bekannt. In der praktischen Umsetzung wird diese Tatsache freilich gern außer Acht gelassen. Stattdessen werden die Schleusen für die Flut von Informationen geöffnet. Zuhörer wollen nicht überschüttet werden. Sie wollen mithilfe einer klaren Struktur in die Lage versetzt werden, Einzelinformationen in ihr Wissensgerüst einzufügen und Zusammenhänge zu verstehen.

Struktur schafft Orientierung

Um Ihrem eigenen Anspruch und den Bedürfnissen Ihrer Zuhörer gerecht zu werden, stelle ich Ihnen die Kreativitätstechniken Mind Map und Ishikawa-Diagramm vor. Mit diesen Techniken gewinnen Sie doppelt: Zum einen helfen Ihnen die Mind Map und das Ishikawa-Diagramm, sich dem Thema Ihrer Präsentation zu nähern. Sie visualisieren Ihr Wissen und stellen Verknüpfungen zwischen den einzelnen Bereichen her. Zum anderen können Sie diese Skizzen bereits als Grobentwurf für Ihre Präsentation verwenden. In die Skizzen lässt sich außerdem alles integrieren, was

Sie über Ihre Zuhörer herausgefunden haben. Da sowohl eine Mind Map als auch ein Ishikawa-Diagramm Schwerpunkte und Abhängigkeiten verdeutlichen, ist es mit diesen Instrumenten leicht zu entscheiden, welche Inhalte für die Zuhörer relevant sind und Ihre Ziele unterstützen.

Vom Allgemeinen zum Speziellen: Eine Mind Map erstellen

Das deutsche Wort „Gedankenlandkarte" verdeutlicht, worum es bei einer Mind Map geht: Gedanken zu strukturieren und sie wie in einem Stadtplan anzuordnen in Hauptstraßen, Nebenstraßen, Abzweigungen und Querverbindungen. Mithilfe einer Mind Map gehen Sie auf Entdeckungsreise: Welches sind die zentralen Gedanken? Was ergibt sich daraus? Welche Verbindungen lassen sich herstellen?

Der gedankliche Stadtplan

Was Sie brauchen, sind ein mindestens DIN A4 großes Blatt Papier und ein paar Stifte in unterschiedlichen Farben. Legen Sie den Papierbogen (je größer der Bogen, desto besser) quer auf den Tisch und schreiben Sie in die Mitte des Blattes das Thema. Stellen Sie sich aus der Vogelsperspektive ein Stadtzentrum vor, von dem aus Hauptstraßen nach außen führen. Von diesen Hauptstraßen gehen wiederum Nebenstraßen mit Seitenwegen ab. Analog dazu sind die Hauptgedanken zu Ihrem Thema die Hauptstraßen, die vom Zentrum ausgehen. Von diesen Hauptstraßen mit den Schlüsselbegriffen und Ideenbereichen gehen beliebig viele Nebenstraßen ab, welche die Assoziationen und Unterbegriffe darstellen. Von den Nebenstraßen wiederum gehen Seitenwege ab. Auf diese Weise lässt sich ein Schlüsselwort immer stärker untergliedern und auffächern. Schreiben Sie alles auf, was Ihnen einfällt. Nutzen Sie dazu Symbole, Pfeile und Farben.

Häufig ist man verblüfft, wie schnell ein solcher gedanklicher Stadtplan wächst. Wenn Sie noch keine Erfahrungen mit Mind

Maps gesammelt haben, probieren Sie die Technik an einem einfachen Thema wie Urlaubsplanung oder To-do-Liste für den morgigen Tag aus. Eine Hauptstraße mit vielen Assoziationen, Nebenstraßen und Seitenwegen ist meistens ein Indiz für einen besonders spannendes und vielfältiges Thema.

Tipp Wer mit Mind Maps arbeitet, sitzt nie vor einem leeren Blatt Papier. Denn egal, um welches Thema es sich handelt, es fällt einem immer irgendetwas zu dem Schlüsselwort ein. Weitere Assoziationen ergeben sich wie von selbst aus den notierten Begriffen.

Fürs Denken bestens geeignet

Die rechte Gehirnhälfte wecken

Eine Mind Map entspricht unserem Denken in Stichwörtern und assoziierten Bildern. Wie das meiste auf dieser Welt hat auch das Gehirn zwei Seiten. Die linke Hälfte ist für das logisch-analytische Denken zuständig. Hier werden Zahlen, Sprache, Regeln und Gesetze verarbeitet. Die rechte Hälfte beschäftigt sich mit dem intuitiven bildlichen und räumlichen Denken. Das Mind Mapping, das Erstellen einer Mind Map, unterstützt das sprunghafte Denken und die Spontanität der rechten Gehirnhälfte. Gleichzeitig bietet eine Mind Map einen strukturierten Überblick komplexer Sachverhalte. Zusammenhänge und Abhängigkeiten werden visuell dokumentiert.

Unser Gehirn speichert Informationen in Schlüsselwörtern, die es wiederum mit schon bestehendem Wissen und anderen Schlüsselwörtern verknüpft. Auf diese Weise entsteht ein Netzwerk an Informationen und Assoziationen. Da durch das Mind Mapping die rechte und die linke Gehirnhälfte optimal miteinander verknüpft werden, können Sie sich die Inhalte besser merken. Einen verknüpften Begriff in einer Mind Map rufen Sie schneller ab als ein Schlüsselwort in einem Fließtext.

Die Perspektive erweitern

Viele Themen werden vermutlich so langweilig präsentiert, weil der Präsentator die ausgetretenen Pfade nicht verlässt. Mithilfe einer Mind Map erweitern Sie den Wahrnehmungsbereich Ihres Themas. Jeder Gedanke löst weitere Assoziationen oder Bilder und gedankliche Verknüpfungen aus. Auf diese Weise erhalten Sie einen reichen Fundus an Ideen, den Sie für den Einstieg, für Beispiele oder provokante Thesen nutzen können. Diese Flexibilität ist zudem eine enorme Zeitersparnis. Denn eine einmal erstellte Mind Map lässt sich für jeden Teil Ihrer Präsentation verwenden. Sie brauchen eine Idee für einen gelungenen Einstieg? Schauen Sie sich Ihre Mind Map an. Sie planen, die einzelnen Punkte Ihrer Präsentation eindrucksvoll miteinander zu verknüpfen? Werfen Sie einen Blick auf Ihre Mind Map: Welche Verbindungen bieten sich an?

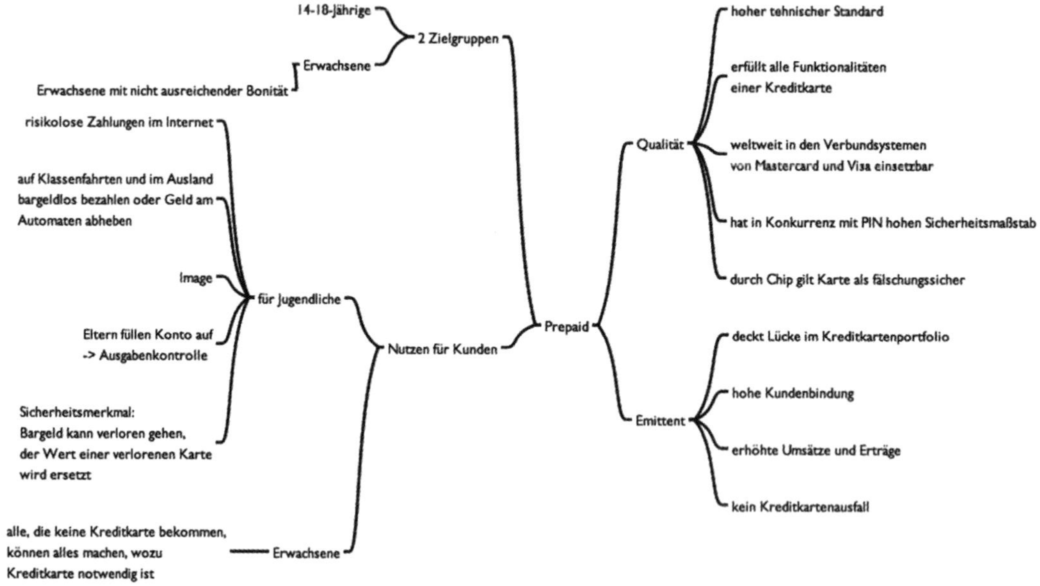

Das Ishikawa-Diagramm

Eine hilfreiche Technik, um das Wissen zu strukturieren und anschließend eine Entscheidung über einen Schwerpunkt zu treffen, ist das Ishikawa Diagramm. Diese Technik ist auch unter dem Namen Fischgräten- und Ursache-Wirkungs-Diagramm bekannt. Mithilfe dieses Diagramms nähern Sie sich einem Thema systematischer als mit der eher assoziativen Technik des Mind Mappings. In einem Ishikawa-Diagramm werden die Teilbereiche nach inhaltlichen Kategorien sortiert. Die strukturierte Anordnung der einzelnen Aspekte macht es anschließend einfacher, eine Auswahl zu treffen.
Das klassische Fischgräten-Diagramm, das der japanische Wissenschaftler und Begründer des Qualitätsmanagements Kaoru Ishikawa bereits in den 1940er-Jahren entwickelte, beinhaltet die Kategorien Mensch, Maschine, Methode und Material. Diese Begriffe lassen sich natürlich gegen die für Ihre Zwecke wichtigen Kategorien austauschen.
Das Beispiel, das ich Ihnen hier vorstelle, stammt von einer Existenzgründerin. Ihre Geschäftsidee, ein Büro für Lektorat und Redaktion zu eröffnen, hat sie in einem Ishikawa-Diagramm

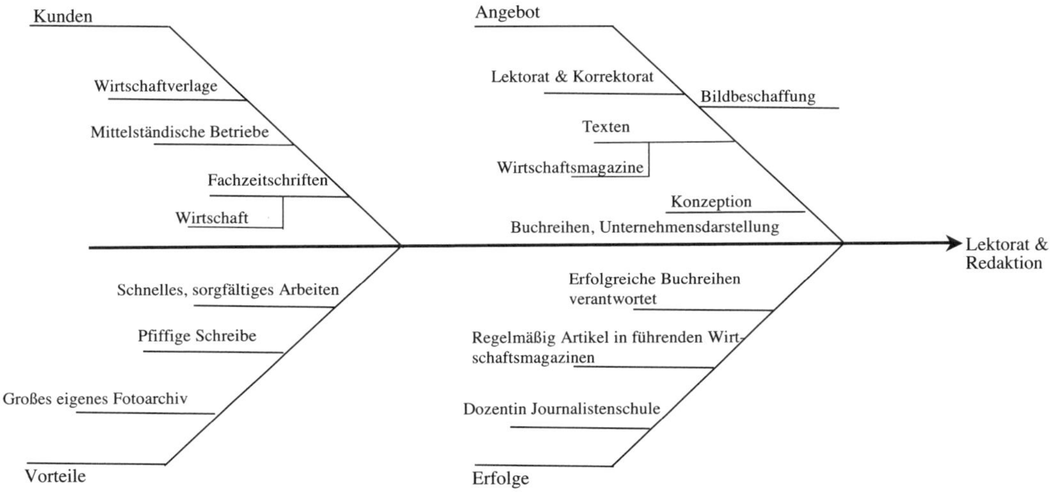

visualisiert. Sie hat die vier Kategorien „Kunden“, „Angebot“, „Vorteile“ und „Erfolge“ definiert und dazu wichtige und entscheidende Aspekte gesammelt.

Herangehensweise

Legen Sie zunächst die Kategorien fest. Identifizieren Sie danach für jede einzelne Kategorie Hauptvorteile und Nebenvorteile. Auf diese Weise entsteht eine maßgeschneiderte Übersicht, die übrigens auch für die Struktur Ihrer Präsentation recht nützlich ist.

> **Tipp** Unterschiedliche Zielgruppen verlangen unterschiedliche inhaltliche Schwerpunkte. Haben Sie einmal ein Diagramm angelegt, brauchen Sie für die jeweilige Zielgruppe nur andere Teilbereiche in den Vordergrund zu rücken.

Das Diagramm als Handout

Das Diagramm eignet sich auch prima als Handout. Die Zuhörer erhalten die gesammelten Erfolgskriterien in übersichtlicher Form und Zuordnung. Außerdem können in der anschließenden Diskussion weitere Aspekte hinzugefügt werden. Lassen Sie für diesen Zweck einfach ein paar Gräten unbeschriftet.

Fischgräten – für viele Situationen geeignet

Ein Ishikawa-Diagramm lässt sich vielfältig einsetzen. Sie können es als Kreativitätstechnik verwenden, zur Klärung komplexer Fragestellungen im Projektmanagement oder für die Ursachenforschung („Warum sind Meetings ineffizient?“). Und so richtig lernt man es bei der Analyse von Verbesserungspotenzial zu schätzen. Sollten Sie einmal den Auftrag erhalten, Abläufe oder Produkte zu optimieren, sammeln Sie Ihre Vorschläge am besten in einem Ishikawa-Diagramm und stellen Ihre Ergebnisse in dieser übersichtlichen Form dar. Wenn Sie das Diagramm auf ein quer gelegtes

Flipchartblatt zeichnen und es für alle sichtbar im Präsentationsraum aufhängen, brauchen Sie sich um weitere Visualisierungen keine Gedanken mehr zu machen.

Drei Hauptgedanken für 30 Minuten

Auch für die Gliederung ist das Ishikawa-Diagramm gut zu gebrauchen, da jeder Strang einen Hauptpunkt darstellt. Wie viele Hauptpunkte sich in einer Präsentation unterbringen lassen, hängt natürlich auch von der Vortragsdauer ab. In einer 15-minütigen Präsentation können Sie maximal zwei Grundideen abdecken. Haben Sie 30 Minuten zur Verfügung, sollten es nicht mehr als drei Hauptgedanken sein. Die Lernforschung geht davon aus, dass man sich nicht an mehr als sieben Hauptpunkte erinnern kann. Wie im Ishikawa-Diagramm deutlich wird, lässt sich jede Kategorie in eine Vielzahl an Unterpunkten strukturieren. Auch für diese Punkte gilt: Nicht mehr als maximal sieben.

Exkurs: Ein Meeting mithilfe des Ishikawa-Diagramms moderieren

Projekt- oder Produktmanagerinnen

Nicht jede Präsentation läuft nach dem Schema ab, dass zuerst jemand redet und dann noch ein paar Fragen gestellt und beantwortet werden. Intern finden Präsentationen häufig auch innerhalb von Meetings statt. Die Präsentation ist dann der Startschuss für die anschließende Diskussion oder gemeinsame Ideenfindung. Als Projekt- oder Produktmanagerin stehen Sie hier und da vor einer solchen Situation: Sie stellen in einem Meeting das Projekt oder Produkt vor, um dann gemeinsam mit den Anwesenden einen Verbesserungsprozess oder eine Problemlösung zu diskutieren.

Mithilfe des Ishikawa-Diagramms lässt sich die Diskussion systematisch und für alle anschaulich steuern. Falls Sie selbst die Initiatorin eines solchen Meetings sind, laden Sie Kollegen und Mitarbeiter ein, die für einen Problemlösungsprozess geeignet sind.

- *Anzeichnen:* Zeichnen Sie ein Fischgräten-Diagramm auf ein Flipchart, ohne die Gräten zu beschriften. Allein die Tatsache, dass nun ein Fischgerippe zu sehen ist, fesselt erfahrungsgemäß bereits die Anwesenden.

Welches Problem?

- *Klären:* Klären Sie, um welches Problem es geht, das untersucht werden soll. Schreiben Sie einen geeigneten Begriff an den Kopf des Fisches. Erläutern Sie, dass die Gräten die Ursachen dieses Problems darstellen. Welche Oberbegriffe lassen sich für die einzelnen Grätenstränge finden? Es können die vier klassischen „Ms“ von Ishikawa sein (Mensch, Maschine, Markt, Methode) oder Ihre selbst gewählten.

Problemursachen finden

- *Beschriften:* Führen Sie ein kleines Brainstorming durch, um die wesentlichen Problemursachen herauszufinden. Ordnen Sie die Ursachen den Kategorien zu und beschriften Sie die Gräten mit den genannten Begriffen. Finden Sie auch gemeinsam die Unter-Ursachen heraus.
- *Erkennen:* Vermutlich werden Sie und die Anwesenden nun erkennen, wie komplex das Problem ist. Vielleicht wird sich sogar jeder eingestehen, dass er im Alleingang die eine oder andere Ursache vergessen hätte. Sollte eine Unter-Ursache an mehreren Gräten vorkommen, scheint diese von höherer Bedeutung zu sein.

Problemlösung

- *Verbessern:* Das Ganze dient natürlich nicht der Unterhaltung. Ziel ist ja die Problemlösung. Daher erfolgt im nächsten Schritt eine konkrete Maßnahmenplanung zu jeder einzelnen Problemursache. Fragen Sie jeweils „Was können wir hier verbessern?“ und „Wer macht das mit wem bis wann?“. Signalisieren Sie den Teilnehmern, dass Ihnen an Ergebnissen gelegen ist, und drängen Sie auf Entscheidungen. Als couragierte Moderatorin zeigen Sie, dass Sie nicht nur an der Ursachenforschung interessiert sind, sondern auch an dem Ziel, das Problem an der Wurzel anzupacken und zu lösen.

Materialien auswerten

Was interessiert die Zuhörer?

Sie brauchen immer mehr Material, als Sie in einer Präsentation unterbringen können. Das gilt vor allem für Hintergrundinformationen, technische Details und Statistiken. Das, was Sie über das Thema wissen, und der Umfang, den Sie in 30 Minuten präsentieren, ist das Verhältnis zwischen einem DIN-A4-Blatt und einer Zigarettenschachtel. Und damit wären wir bei einem der spannendsten Punkte in der Vorbereitung: Wohin mit der Schachtel? Welchen Bereich Ihres Wissens wollen Sie präsentieren? Was sollten die Zuhörer über das Thema wissen, damit Ihre Präsentation erfolgreich ist? Was weckt das Interesse der Zuhörer? Was ist neu, ungewöhnlich, kurios, unentbehrlich fürs Grundverständnis, notwendig für eine Entscheidungsfindung? Gerade bei den letzten Fragen rufen viele: „Alles!“ Die Konsequenzen sind so bekannt wie gefürchtet: Überziehung der Redezeit, hohes Sprechtempo, um alles unterzubringen, viele Fäden – leider kein roter.

Der große Zampano

Der Ausruf „Alles!“ hat nur selten mit Fürsorge um die Zuhörer zu tun. Entweder schlägt dem Präsentator die eigene Eitelkeit ein Schnippchen, indem er sich als der allwissende, kenntnisreiche Zampano darstellen möchte. Oder es ist ihm der Mut abhanden gekommen, eine Entscheidung über den Schwerpunkt der Präsentation zu treffen.

Wenn in den Workshops das Feedback zu einer vorgestellten Präsentation lautet, dass der Redner das Thema sehr faktenreich, trocken oder wenig anschaulich vorgestellt hat, heißt es zur Begründung meistens: „Meine Zuhörer sind es gewohnt, Fakten, Tatbestände und Ergebnisse ohne irgendwelchen Firlefanz zu hören.“

Das Wörtchen „gewohnt“ verrät: Der Fluch der Gewohnheit hat zugeschlagen. Weil man es immer schon so gemacht hat und alle anderen es auch so machen, macht man es selbst nicht anders. Mit einer Präsentation, in der Sie lediglich Ihr Wissen unter Beweis stellen, bekommen Sie nicht mal ein Fleißkärtchen.

Entscheiden heißt streichen

Eine Präsentation vorzubereiten heißt auch, Entscheidungen zu treffen. Setzen Sie für 30 Minuten Redezeit maximal drei Schwerpunkte. Sammeln Sie zusätzlich zu Ihrem Wissen Beispiele, Zitate, Statistiken, Bilder und jonglieren Sie mit diesen Materialien je nach Themenschwerpunkt. Alles andere haben Sie in Reserve für Fragen oder die anschließende Diskussion.

Durchforsten Sie zuerst das Material, das Sie bereits besitzen. Überlegen Sie, welche Ihrer Materialien nichts mit der Erwartungshaltung Ihres Publikums zu tun haben, und streichen Sie diese Aspekte rigoros.

> Menschen trennen sich ungern von ihrem Besitz – auch von ihrem geistigem. Doch tun Sie genau das: Verabschieden Sie sich von allen Inhalten, die nicht oder nur bedingt geeignet sind, Ihre Teilnehmer an Ihr Präsentationsziel zu bringen.

Nützliches Wissen

Ihre Zuhörer werden sich für Inhalte interessieren, die persönlich etwas für sie bedeuten. Der Sinn von Präsentationen ist nämlich nicht das blanke Anhäufen von Informationen. Der Sinn ist, den Zuhörern brauchbare Inhalte zu liefern. Schauen Sie sich die Materialien aus der Perspektive Ihrer Zuhörer an und überlegen Sie:

Welches Wissen brauchen meine Zuhörer, um eine Entscheidung zu treffen?

Was wird sie besonders interessieren? Welche Inhalte wecken ihre Neugier?

Kernbotschaften

Wie lauten Ihre Kernbotschaften? Welche Aussagen sollen Ihren Zuhörern im Gedächtnis bleiben? Was für die thematischen Schwerpunkte Ihrer Präsentation gilt, trifft erst recht für Ihre Kernbotschaften zu: maximal drei für eine halbe Stunde Redezeit.

Mit zu vielen Botschaften verwässern Sie Ihre Rede. In vielen Fällen kommen Sie sogar mit einer Kernaussage aus. Angenommen, eine Ihrer zentralen Botschaften lautet: „Das vorgestellte Produkt ist das beste am Markt." Diese Aussage reicht als Kernbotschaft für mehr als 30 Minuten. Alle weiteren Aussagen wie „innovatives Unternehmen", „Marktführer" oder „Verlässlichkeit" ranken sich um die Botschaft und unterstützen Ihr Anliegen, die Zuhörer von der Einzigartigkeit des Produkts zu überzeugen.
Widerstehen Sie der Versuchung, Merkmale wie „innovativ", „flexibel" oder „kundenorientiert" in den Status einer Kernbotschaft zu heben. Jedes Unternehmen hält sich für innovativ, flexibel und kundenorientiert. Diese Begriffe haben als Kernbotschaft längst ausgedient.

Kernbotschaft: der Nutzen

Tipp

Konzentrieren Sie sich bei der Auswahl Ihrer Kernbotschaft ausschließlich auf den Nutzen, den Ihr Anliegen für Ihre Zuhörer hat. Als die Waschmaschine erfunden wurde, war es den meisten Menschen wahrscheinlich relativ egal, wie innovativ die Technologie war. Erst als ihnen klar wurde, dass man mit einer solchen Maschine die Wäsche auf komfortable Weise sauber bekommt, war das Interesse da. Was haben die Zuhörer von Ihrem Anliegen?

Emotionale Färbung

Verstand und Gefühle

Die Hirnforschung hat wissenschaftlich eindeutig nachgewiesen, dass es keine Entscheidung gibt, die nicht wesentlich von Emotionen gesteuert ist. Menschen entscheiden emotional und begründen rational. Wer sich ein sündhaft teures Kleid kauft, begründet den Kauf mit Argumenten wie „Das hält auch ein Leben" oder „Ich brauche einen Klassiker im Kleiderschrank". Bei Ihren Zuhörern ist das nicht anders. Sie entscheiden sich für einen Anbieter, bei dem sie das beste Gefühl haben, sich verstanden fühlen und der zu ihrer Welt passt. Überlegen Sie bei der Auswahl Ihrer Materialien, welche Aspekte die Gefühlsebene ansprechen.

Umgekehrt brauchen Zuhörer wiederum auch eine rationale Entschuldigung für ihre emotionale Entscheidung. „Ich brauche das Kleid für die Jubiläumsfeier. Die anderen sind auch sehr schick. Da kann ich nicht in einem gewöhnlichen Hosenanzug aufkreuzen." Sie sehen: Es bringt nichts, nur emotional die Zuhörer anzusprechen oder nur sachlich zu argumentieren. Liefern Sie beides in einem ausgewogenen Maß.

Den Inhalt strukturieren

Das Ziel vor Augen, Materialien und Informationen gesammelt, Kernbotschaften herausgefiltert, alles Wissenswerte über die Zielgruppe recherchiert. Jetzt beginnt die Phase, in der Sie die einzelnen Teile zu einem Ganzen modellieren.

Spannung kommt auf

Standpunkt mit Spannungsbogen

Bewährt und altbekannt ist die Fünfsatztechnik *Standpunktformel*, die Sie vielleicht noch aus der Schule kennen, als es im Deutschunterricht um Erörterungen ging. Mit Argumenten und Beispielen untermauern Sie Ihre These und bewegen sich auf Ihre Kernaussage oder Ihren Appell zu.

Die Zuhörer befinden sich bei dieser Variante in einem Denk- und Erkenntnisprozess. Erst wenn sie alle Argumente gehört haben, erfahren sie, worauf der Redner hinaus will. Der Spannungsbogen ähnelt einem Krimi: Zuerst nennen Sie Ihre These (ein Mord passiert), dann führen Sie die These argumentativ aus (man macht sich auf die Tätersuche) und zum Schluss führen Sie die Argumente in der zentralen Botschaft zusammen (der Täter wird überführt).

z.B.

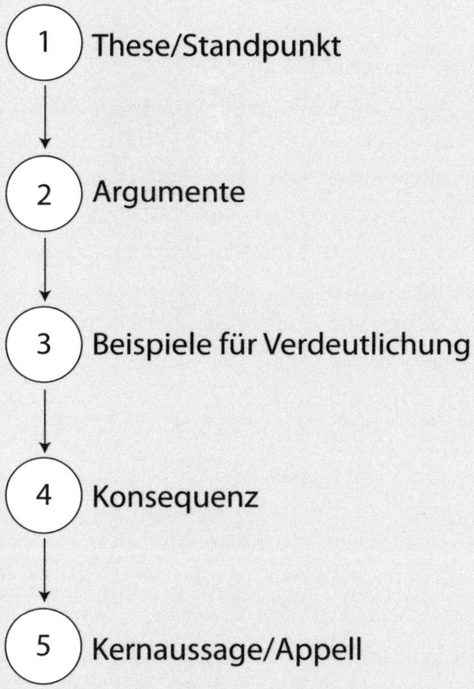

1. Hamburg – Frankfurt – München: Diese drei Städte gehören zu den stärksten Wirtschaftsregionen der Republik. Wer jedoch an einem Tag von Hamburg nach München und zurück möchte, wird für das Überbrücken der Entfernung viel Zeit reservieren müssen.
2. Wer im Süden Hamburgs wohnt, braucht für die Fahrt zum Flughafen eine Stunde. Das Einchecken nimmt weitere Zeit in Anspruch. In München dauert die Fahrt vom Hauptbahnhof bis zum Flughafen 45 Minuten.

3. In Japan zum Beispiel hat man den Wirtschaftsfaktor, die wichtigsten Metropolen des Landes schnell und komfortabel erreichen zu können, längst erkannt. Dort verkehrt der Schnellzug Shinkansen stündlich zwischen den größten Städten.
4. Langwierige Check-ins an Flughäfen entfallen, das Warten auf verspätete Flüge hat ein Ende und die weiten, zeitintensiven Fahrten bis in die Innenstädte erübrigen sich.
5. Lassen Sie uns keine Zeit mehr mit Anfahrten, Wartezeiten und Check-ins vertrödeln. Auf einer Hochgeschwindigkeitsstrecke, die ein Tempo von 350 km/h und mehr erlaubt, sind Sie in drei Stunden von Hamburg in München.

Wettbewerbs-situation

Wegen dieser verdichtenden Kette hin zum Finale ist die Standpunktformel bestens geeignet, wenn Sie Lösungsvorschläge präsentieren oder an einer Wettbewerbspräsentation, einem sogenannten Pitch, teilnehmen. Die meisten Mitbewerber werden sich für die herkömmliche Art entscheiden und sofort zu Beginn sagen, warum sie die Besten, Tollsten, Größten sind. Sie aber nehmen die Zuhörer mit auf eine spannende Reise und lassen erst ganz am Schluss die Katze aus dem Sack. Ihre Zuhörer fiebern Ihrem Schlusspunkt quasi entgegen. Und da der letzte Eindruck in einer Präsentation mindestens so wichtig ist wie der erste, haben Sie mit dieser Gliederung zugleich für ein fulminantes Ende gesorgt.
Doch auch bei heiklen Themen wie Umstrukturierungen, Veränderungen von Arbeitsabläufen, Reduzierung von Kosten, Antrag auf weitere Gelder ist die Standpunktformel angebracht. Bei diesen Themen geht es weniger um die Spannung als um die behutsame Hinführung zur eigentlichen Aussage.

Die Grenzen der Standpunktformel

Ich will Ihnen nicht verhehlen, dass die Standpunktformel die Zuhörer bisweilen überfordert. Da sie nämlich nicht genau wissen, worauf der Redner hinaus will, müssen sie sämtliche Argumente bis zum Schluss im Kopf behalten. Denn nur mit diesem Wissen können sie entscheiden, ob die Argumente für sie schlüssig sind und sie der zentralen Botschaft zustimmen. Als Rednerin haben Sie das gesamte Bild vor Augen und wissen, wie Sie die Puzzelsteine zu setzen haben. Dieses Gesamtbild fehlt den Zuhörern, weswegen sie sich am Ende der Präsentation häufig nur an Bruchstücke der Argumentationskette erinnern. Und nicht selten torpedieren die Teilnehmer aus genau diesem Grund die Absicht des Redners, eine Entscheidung herbeizuführen oder die Zustimmung für eine Empfehlung zu bekommen. „Ich muss mir die Argumente erst noch mal durch den Kopf gehen lassen." Man vertagt sich, die Entscheidung wird verschoben.

Tipp Besteht die Präsentation aus mehreren Kernbotschaften, tun Sie gut daran, den Vortrag in Teilabschnitte zu gliedern. Beenden Sie jeden Abschnitt mit einer Schlussfolgerung.

Das Wichtigste zuerst

Stellen Sie die Gliederung auf den Kopf

Ahnen die Zuhörer sowieso gleich zu Beginn, welches Kaninchen Sie aus dem Hut zaubern, versuchen Sie es mit einem Drehbuch, in dem es zuerst um die Schlussfolgerung geht und in dessen weiterem Verlauf Sie die Schlussfolgerung begründen. Sie stellen die Gliederung sozusagen auf den Kopf und fangen mit Ihrer Kernaussage, Ihrem Fazit oder Ihrem Appell an. Alle weiteren Aussagen und Argumente untermauern die zentrale Botschaft. Da die Zuhörer in die Kernaussage eingeweiht sind, sind sie von Beginn an in der Lage, die Stichhaltigkeit der vorgebrachten Argumente zu beurteilen und die Inhalte gedanklich einzuordnen. Verglichen mit einem

Krimi, nennen Sie zuerst den Täter und zeigen dann auf, welche Ereignisse ihn motiviert haben, das Opfer zur Strecke zu bringen.

Widerstand ist möglich

Für diese Art der Gliederung brauchen Sie eine größere Portion Mut als für die Standpunktformel. Schließlich lehnen Sie sich gleich zu Beginn der Präsentation aus dem Fenster und sagen klipp und klar, worum es Ihnen geht. Stößt die Kernbotschaft auf Widerstand, kann es passieren, dass es gleich zu Beginn zu ablehnenden Reaktionen kommt. Sie werden eventuell unterbrochen oder die Zuhörer sind Ihren Argumenten nicht mehr zugänglich. Auch wenn Ihnen diese Herangehensweise wie ein Sprung vom Fünfmeterbrett vorkommt: Springen müssen Sie sowieso. Nur ist das Wasser bei dieser Variante eventuell etwas kälter als bei der Standpunktformel.

Zeitlogische Reihenfolge

Gestern – heute – morgen: Diese zeitlogische Reihenfolge eignet sich für Themen wie:

- ❑ Einführung neuer Strukturen
- ❑ Veränderte Marktbedingungen aufgrund einer neuen Wettbewerbssituation
- ❑ Unser Unternehmen: Wie wir wurden, was wir sind

Dann, dann …

Diese Struktur meint keine chronologische Aneinanderreihung von Fakten oder Daten. Solche Aufzählungen, die meistens mit dem Wörtchen „Dann“ verbunden werden, sind ausgesprochen ermüdend.

z.B.

> „1999 gründeten wir das Unternehmen. Die Software Mech2 kam sofort gut am Markt an. Dann entwickelten wir eine Buchführungssoftware. 2002 kauften wir das Softwareunternehmen Buchdata. Dann …“

Gehen Sie stattdessen erzählerischer vor. Das Gesagte klingt dadurch fließender. Den Zuhörern fällt es leichter, Ihnen zuzuhören:

z.B.

„Vor nicht einmal zehn Jahren haben wir unser Unternehmen gegründet. Zu dritt entwickelten wir ein Buchführungsprogramm für kleine und mittelständische Betriebe. Es war, als hätten die Betriebe auf genau dieses Programm gewartet. Noch im Gründungsjahr haben wir einen weiteren Entwickler und zwei Vertriebler eingestellt. Mit dem Unternehmen Buchdata, das wir 2002 kauften, sind wir mittlerweile der führende Anbieter von Buchführungssoftware. Das Programm besteht momentan aus fünf Modulen. Drei weitere Module werden gerade entwickelt. Die wichtigste Neuerung wird aber die künftige Kompabilität mit Ihren Standardprogrammen sein ...“

Erzählen Sie!

Was meinen Sie denn dazu?

Denken Sie an diese Gliederung, wenn Sie aufgefordert werden, sich spontan zu einem Thema zu äußern:
„Frau Bender, was meinen Sie denn zum Thema Transrapid?“ Frau Bender ruft die Formel ab und legt los:
„Als der ICE Mitte der 80er-Jahre Premiere hatte, dachte man, die Städte würden sinnbildlich näher zusammenrücken. Dem war nicht so. Was natürlich auch daran lag, dass Verbindungen wie Frankfurt – München noch gar nicht als Hochgeschwindigkeitsstrecke ausgebaut waren. Das hat sich erfreulicherweise geändert. Heute brauchen Sie für die Strecke Frankfurt – München nur noch drei Stunden und 10 Minuten. Mit dem Transrapid ließe sich die Fahrtzeit auf 90 Minuten verkürzen. Stellen Sie sich vor, Sie brauchen nur anderthalb Stunden von Frankfurt nach München. Einem sonntäglichen Ausflug in die Alpen stünde nichts mehr im Wege. Kürzere Fahrtzeiten, längere Aufenthalte, mehr Zeit fürs Wesentliche: Ich befürworte die Weiterentwicklung der Transrapid-Technologie.“

Erste Worte

Der erste Satz ist Versprechen, Duftmarke, Rätsel, Schlaglicht – kurz: der Brühwürfel, mit dem die ganze folgende Suppe gekocht wird.
Thomas Brussig

Aufmerksamkeitswert = null

z.B. „Guten Tag, meine Damen und Herren, ich begrüße Sie herzlich zu der heutigen Präsentation zum Thema Zielgruppendefinition für Prepaid-Karten. Lassen Sie mich zunächst kurz den Ablauf skizzieren. Bevor ich die einzelnen Zielgruppen vorstelle, werde ich auf die Gesetzeslage eingehen. Anschließend komme ich zu den Erwartungen und Bedürfnissen der Zielgruppen. Abschließend stelle ich Ihnen vor, welche Prepaid-Karte zu welcher Kundengruppe passt."

Eine solche Einleitung hat den gleichen Aufmerksamkeitswert wie die Sicherheitsvorkehrungen, über die das Flugpersonal Sie kurz vor dem Abflug informiert. Oder hören Sie dem Personal begeistert zu? Die meisten Fluggäste lesen entweder Zeitung, schauen aus dem Fenster oder dösen.

Antennen auf Empfang stellen

Im Song *From the Air* von Laurie Anderson heißt es: „Good evening. This is your Captain. We are about to attempt a crash landing."

Mit einer solchen Begrüßung sind alle, die eben noch gedöst haben, hellwach. Sie brauchen keinen Absturz anzukündigen, damit Ihre Zuhörer die Ohren spitzen. Sie können aber getrost alles aus dem ersten Beispiel weglassen. Die gesamte Begrüßung und Einführung ins Thema ist angestaubte Rhetorik. Auch ein Film beginnt nicht mit dem Abspann, sondern zieht den Zuschauer sofort in die Handlung. Vergessen Sie deshalb auch die Begrüßung einzelner Anwesender.

„Ich freue mich besonders, die Vorstandsvorsitzende der Sandhof AG, Frau Susanne Meier, begrüßen zu dürfen. Herzlich willkommen heiße ich auch den Stadtverordneten Hermann Landmann." – Mit Sicherheit fühlt sich irgendein Zuhörer übergangen, der Ihnen ab sofort nicht mehr zuhört, sondern stattdessen einen Racheplan ausarbeitet.

Auf Floskeln verzichten

Ob das alles nicht viel zu unhöflich sei, werde ich in den Workshops gefragt. Nein, unhöflich ist es, Zuhörer mit immer gleichen Floskeln und Redeeinstiegen zu langweilen. Für Ihre Zuhörer wird es nicht die erste Präsentation sein, an der sie teilnehmen. Da die Anfangsrituale aus Begrüßen, Bedanken und Erläuterungen zum Ablauf bekannt sind, hört Ihnen sowieso keiner zu. Deshalb sind in diesen Minuten die meisten mit ihren Handys beschäftigt, mit dem Einschenken von Getränken oder kleinen Smalltalks mit dem Sitznachbarn.

Wenn es Ihnen gänzlich gegen den Strich geht, die Präsentation ohne Begrüßung zu starten, sagen Sie „Guten Tag" und meinetwegen noch „Herzlich willkommen". Stopp! Nicht mehr. Verkneifen Sie sich, die Begrüßung zu ergänzen um Informationen, wozu Sie die Zuhörer willkommen heißen. Das wissen sie längst. Beginnen Sie mit einem verbalen Startschuss und kommen Sie schnell raus aus den Startlöchern. Es gilt, die Antennen Ihrer Zuhörer auf Empfang zu stellen.

z.B.

Wollen Sie Begrüßung, Thema und Ihren Namen unbedingt erwähnen, vertauschen Sie zumindest die Reihenfolge:

- „Ideen jagen – Lösungen finden. Welche Kreativitätstechniken dafür geeignet sind, zeige ich Ihnen in den nächsten 20 Minuten. Guten Tag, meine Damen und Herren. Mein Name ist Lea Müller."
- „Die Sammlung ist das Herz unseres Museums. Durch sie haben wir internationales Renommee erlangt. Und das steht gefährlich auf der Kippe. Guten Tag meine Damen und Herren."

Vorgestellt werden

Sind Sie eingeladen, eine Rede zu halten, werden Sie wahrscheinlich vom Veranstalter vorgestellt. Überlassen Sie es nicht dem Zufall, was die Person über Sie sagt. Versorgen Sie sie mit einer Kurzbeschreibung über berufliche Erfolge, Verantwortungsbereiche, Veröffentlichungen. Die amerikanische Redenschreiberin und Publizistin Sylvia Simmons gibt den Tipp, auf eine freundliche Einführung zu erwidern: „Herzlichen Dank für diese hübsche Einführung. Meine Damen und Herren, ich erteile Ihnen allen die Erlaubnis, diese Worte immer und überall zu wiederholen."

Tipp Bei einigen Veranstaltern herrscht die Unsitte, nach den Willkommen-Worten an die Rednerin oder den Redner mit Details zum organisatorischen Ablauf aufzuwarten. Damit ist die Spannung erst mal raus. Umso wichtiger ist es anschließend für Sie, die Zuhörer wieder auf das Thema zu bringen und gradewegs durchzustarten. Sie brauchen nun nicht auch noch Dankesworte an den Veranstalter zu richten. Es reicht, mit einem freundlichen Lächeln herzlich „Danke" zu sagen. Und dann legen Sie los.

Varianten für den Einstieg

Sie haben mehrere Möglichkeiten, Ihre Präsentation zu starten.

Bilder wecken

- *Wecken Sie ein Bild bei Ihren Zuhörern:* „Stellen Sie sich vor, Ihre Tochter oder Ihr Sohn geht für ein paar Monate auf eine amerikanische Schule. Wie kommt Ihr Kind an Geld? In Deutschland dürfen an Minderjährige keine Kreditkarten vergeben werden. Soll Ihr Kind deshalb mit mehr als 1000 Dollar Bargeld durch die Gegend laufen? Mit Prepaid-Karten haben Sie eine Sorge weniger ..."

Statistik

- *Beginnen Sie mit einem statistischen Ergebnis:* „Alle elf Sekunden rückt in Deutschland eine Feuerwehr aus. Da ziehen wir mit: Alle elf Sekunden meldet sich ein Anrufer in unserem

Callcenter. Bei der Feuerwehr wird im Schnitt nach dem dritten Klingeln der Hörer abgenommen. Da sind wir schneller: Bei uns meldet sich ein Mitarbeiter bereits nach dem ersten Klingeln."

- ❑ *Nehmen Sie Bezug auf einen kürzlich gelesenen Zeitungsartikel:* „In der aktuellen Ausgabe des Wirtschaftsmagazins *brandeins* steht ein interessantes Interview mit dem englischen Trendforscher Charles Leadbeater. Leadbeater berät die britische Regierung in Fragen der kreativen Wirtschaft. Sein Traum ist, dass alle Menschen unternehmerisch kreativ werden. Wir haben uns diesen Traum bereits erfüllt. Ohne das kreative Umfeld, das wir in unserem Unternehmen fördern, würde ich heute mit leeren Händen vor Ihnen stehen." **Aktuelles**
- ❑ *Erzählen Sie eine passende Anekdote oder Geschichte:* 4. Juli 1952 vor der nebelverhangenen Küste Kaliforniens. 34 Kilometer westlich davon, auf der Insel Catalina, schickt sich eine 34-jährige Frau an, in Richtung Kalifornien zu schwimmen. Sie ist entschlossen, diese Strecke als erste Frau zu bewältigen. Ihr Name ist Florence Chadwick. Sie hat drei Jahre zuvor als erste Frau den Ärmelkanal in beiden Richtungen durchschwommen. Das Wasser ist an diesem Julimorgen eiskalt und der Nebel so dicht, dass Florence kaum die Begleitboote ausmachen kann. Die Müdigkeit ist nie ihr großes Problem bei diesen Schwimmleistungen gewesen – es ist die eisige Kälte, die ihr zu schaffen macht. Über 15 Stunden später bittet sie, steif vor Kälte, aus dem Wasser geholt zu werden. Sie kann nicht mehr. Ihre Mutter und ihr Trainer, die im Boot neben ihr herfahren, sagen ihr, dass die Küste schon ganz nah ist. Aber als Florence zur kalifornischen Küste hinüberschaut, sieht sie nichts als den dichten Nebel und bittet darum, herausgeholt zu werden. Stunden später, als ihr Körper sich erwärmt hat, kommt der Schock über ihren Misserfolg. Nur eine halbe Meile vor der kalifornischen Küste ist sie aus dem Wasser gezogen worden! Ein Reporter fragt sie: „Miss Chadwick, was hat Sie davon abgehalten, diese letzte halbe Meile zu schwimmen?" „Es war der Nebel", antwortet sie. „Wenn ich das **Anekdote**

Land hätte sehen können, hätte ich es geschafft. Wenn man da draußen am Schwimmen ist und sein Ziel nicht sehen kann ..." Der Satz von Florence Chadwick wurde weltberühmt: „Es war der Nebel – wenn ich das Land hätte sehen können, ..."

Demonstrationsobjekt

- *Bringen Sie ein Demonstrationsobjekt mit:* Lassen Sie den Gegenstand jedoch nicht herumgeben. Das lenkt nur unnötig ab. Wer sich das Objekt unbedingt anschauen möchte, kann dies während der Pause oder nach der Präsentation tun.

Historische Ereignisse

- *Der Tag, an dem Sie reden:* Welches aktuelle oder historische Ereignis ist an den Tag gekoppelt, an dem Sie die Präsentation halten? Hat eine berühmte Person Geburtstag? Ist an dem Tag etwas Besonderes erfunden worden? Je nach Ereignis und Thema Ihrer Präsentation lässt sich eine stimmige Einleitung finden. Auf http://de.wikipedia.org finden Sie Einträge zu historischen Jahrestagen gegliedert nach den Rubriken Politik und Weltgeschehen, Wirtschaft, Wissenschaft und Technik, Religion, Katastrophen, Sport, Geboren und Verstorben.

Parallele zur Zeitgeschichte

- *Eine interessante Parallele zur Zeitgeschichte:* „Als der Architekt Frei Otto Ende der 60er-Jahre das Münchener Olympia-Stadion entwarf, sprach noch niemand von Bionik, dem systematischen Lernen aus der Natur. Frei Ottos Vorbild für den Zeltcharakter des Stadions waren Spinnennetze. Auch wir haben für unser neues Produkt gezielt nach Lösungen in der Biologie gesucht ..."

„Wer von Ihnen war schon mal ...?"

- *Die Zuhörer aktivieren:* Hartnäckig hält sich das Gerücht, dass man am besten gleich zu Beginn einer Präsentation die Zuhörer mit in das Geschehen einbezieht. Diese Fama führt zu Fragen wie „Wer von Ihnen war schon mal auf den Seychellen?" oder „Wer von Ihnen hat schon mal Bio-Wein probiert?". Hand aufs Herz: Haben Sie auf eine solche Frage schon jemals laut in den Saal gebrüllt „Ich!"? Weil sich auf diese Fragen so gut wie niemand gern einlässt, verursachen sie eine manchmal fast peinliche Atmosphäre. Der Redner wartet auf eine Antwort, die er nicht bekommt. Die Zuhörer hoffen, dass der Redner sie mit seinen Fragen in Ruhe lässt. Zuhörer sind eine träge Masse. Wenn Sie Regungen und Lebenszeichen von ihnen wollen, greifen Sie zu einer anderen hier vorgestellten Alternative. Doch bitte nicht zu Zitaten.

Das passende Zitat am Schluss

- *Zitate:* Zitate werden häufig als Einstieg empfohlen. Ich bin skeptisch, was die Wirkung angeht. Manchmal wirkt ein Zitat gerade am Anfang außerordentlich bemüht. Das hat meistens mehr mit dem Lampenfieber als mit dem Zitat zu tun. Denn da Stimme und Tonfall noch nicht ganz gefestigt sind und der Redner womöglich Angst hat, Teile des Zitats zu vergessen, ist die Stimmung zu verkrampft. Wenn Sie ein passendes Zitat finden, heben Sie es sich für den Schluss auf. Dann haben Sie sich längst frei geschwommen und können es mit sehr viel mehr Schwung und Ausdruck vorbringen als zu Beginn.

Würze für den Hauptteil

Die richtige Brise

Mit einer famosen Einleitung machen Sie sich sofort nach Beginn der Präsentation zum Star der Bühne. Mit einem merk-würdigen Schluss bleiben Sie in Erinnerung. Aber was passiert dazwischen? Auch zwischen den Argumenten, Statistiken, Auswertungen und Hintergrundinformationen im Hauptteil bedarf es ab und an ein paar Spritzer Würze. Sonst ist die Gefahr zu groß, dass das Publikum Ihren gut ausgearbeiteten Schluss vor Ermattung gar nicht mehr mitbekommt. Stellen Sie sich den Hauptteil wie eine Wellenbewegung am Meer vor. Jede neue Welle steigert die Aufmerksamkeit. Danach flacht sie ab und nimmt mit einer neuen Welle wieder zu. Dabei ist die Taktung das Entscheidende. Kommen die Wellen, sprich die Argumente, zu schnell hintereinander, ist die Aufnahmefähigkeit der Zuhörer rasch überstrapaziert. Ist aus der Wellenbewegung eher eine Flaute geworden, dämmern die Teilnehmer vor sich hin.

Abgesehen von Ihren Argumenten ist Spannendes, Aktuelles und Unterhaltsames Würze für Ihren Hauptteil. Die Tagespresse, Fachzeitschriften sowie Wirtschaftsmagazine wie *manager magazin* und *brandeins* sind Fundgruben für aktuelle und spannende

Tipp

Zählen Sie die Argumente, die für Ihr Anliegen sprechen, nicht lückenlos eines nach dem anderen auf. Die Präsentation plätschert dahin, Ihre Rede wirkt fade und ohne Esprit. Die Zuhörer hoffen auf mehr Brandung. Deshalb genügt es, die stärksten Argumente herauszugreifen und diese detailliert und anschaulich zu schildern.

Begleitgeschichten. Bücher wie *Schotts Sammelsurium* mit einer Sammlung an trivialem und seriösem Wissen oder *Das kleine Kielschwein* von Lorenz Schröter mit einer Zusammenstellung rund ums Meer bieten Stoff für amüsante Einblicke.

Tipp

Im Kapitel 5 „Versuch's mal mit Persönlichkeit" finden Sie eine Reihe an sprachlichen Mitteln, mit denen Sie Aufmerksamkeit wecken und halten.

Kommen wir zum nächsten Punkt

Natürlich können Sie die einzelnen Aspekte Ihres Hauptteils mit Überleitungen ankündigen wie „Ich komme jetzt zu meinem nächsten Punkt …" oder „Im Folgenden geht es mir besonders um …". So machen es die Braven. Die Kühneren unter Ihnen geben der Vorstellung mehr Pfiff und flechten in die einzelnen Punkte interessante Informationen ein.

z. B.

Produktinnovation: Sie haben gerade den Punkt, was das Produkt innovativ macht, abgeschlossen. Der nächste Punkt auf Ihrer Agenda heißt „Wettbewerb":
„Übrigens habe ich erst kürzlich in der *FAZ* gelesen, dass das innovative Potenzial von Wirtschaft und Forschung nachlässt. Das bringt mich zu meinem nächsten Punkt: unsere Mitbewerber."
Jetzt haben Sie einen geschickten Spannungsbogen geschlagen. Die Zuhörer wissen noch nicht, ob den Mitbewerbern das innovative Potenzial ausgegangen ist oder ob sie es gerade für sich entdeckt haben.

> Präsentation eines Contentmanagementsystems bei einem potenziellen Kunden. Ihr nächster Punkt beinhaltet die unterschiedlichen Sprachversionen:
> „Ihr Unternehmen ist in den Ländern Deutschland, Russland, China und Japan erfolgreich. Vier Länder, vier Sprachen, vier unterschiedliche Schriftzeichen. Welche Lösung das System für diese Herausforderung bereitstellt – das, meine Damen und Herren –, war zunächst eine Herausforderung für die Softwareentwickler. Das Ergebnis stelle ich Ihnen jetzt vor."
> Rede und Überleitung wirken wie aus einem Guss. Mit der direkten Anrede „Meine Damen und Herren" ziehen Sie die Zuhörer stärker in das Geschehen hinein. Die Aufmerksamkeit ist gebündelt – beste Voraussetzung für Ihren neuen Gliederungspunkt.

Die Schluss-Sequenz

Der letzte Eindruck bleibt

2004. Olympische Spiele in Athen. Die deutschen Synchronspringer Andreas Wells und Tobias Schellenberg gewinnen die Silbermedaille in der Disziplin Synchronspringen vom Dreimeterbrett. In einem anschließenden Interview stellt sich heraus, dass es im Training der Kunstspringer vor allem um das möglichst spritzfreie Eintauchen ins Wasser geht. Auf die Frage des Moderators, warum gerade auf diesen Teil des Sprungs so viel Wert gelegt werde, antwortet einer der beiden: „Wie wir ins Wasser eintauchen, ist schließlich der letzte Eindruck, der bei den Kampfrichtern hängen bleibt."

Ein Sprung vom Dreimeterbrett mit Salto und Schraube dauert nur wenige Sekunden. Selbst in dieser kurzen Zeitspanne entscheidet der letzte Eindruck über Gold, Silber oder Bronze.

Auch in Präsentationen können Sie am Ende einer Präsentation noch viel für die A-Note tun. Es ist Ihre letzte Chance, Eindruck zu hinterlassen. Die letzten Worte nimmt der Zuhörer mit. Deshalb ist diese wichtige Sequenz Ihrer Präsentation viel zu kostbar für Banalitäten wie „Vielen Dank für Ihre Aufmerksamkeit". Überlegen Sie: Welche Botschaft sollen Ihre Zuhörer im Gedächtnis behalten? Was sollen sie nach der Präsentation tun? Was erwarten Sie von Ihrem Publikum? Behalten Sie die Antworten auf diese Fragen nicht für sich. Geben Sie sie an Ihre Zuhörer weiter.

Nennen Sie die Botschaft

Geben Sie klare Anweisungen

Der Paukenschlag

Wenn Sie wollen, dass Ihre Zuhörer nach Ihrer Präsentation klar wissen, was sie zu tun oder zu lassen haben, wofür sie sich einsetzen oder wogegen sie kämpfen sollen, dann sagen Sie es ihnen. Profilieren Sie sich als Initiatorin, indem Sie den Zuhörern eindeutige Anweisungen für die Zeit nach der Präsentation geben. Noch besser ist es, Sie beenden Ihren Vortrag mit einem kraftvollen Paukenschlag. Sagen Sie Ihren Zuhörern voraus, welche zwei wichtigen Aussagen sie im Gedächtnis behalten:
„Lassen Sie mich sagen, was Sie von dieser Präsentation behalten werden: Wir garantieren Ihnen eine höhere Sicherheit in der Planungsumsetzung. Daraus ergibt sich für Sie eine genaue Budgetierung Ihres Jahresetats."

Ein klares Ende setzen

Es gibt Redner, die eine Präsentation völlig abrupt beenden und das Publikum für ein paar Sekunden ratlos zurücklassen. Das ist, als verschwände der Redner plötzlich vom Radarschirm seiner Zuhörer. Und während er bereits seine Sachen zusammenpackt, fragt sich das Publikum, ob es applaudieren, Fragen stellen oder aufstehen und gehen soll. Die Zuhörer werden dieses Verhalten mit einer schlechten A-Note quittieren. Schließen Sie Ihre Präsentation für alle erkennbar ab.
Wenn es Ihr Ziel ist, Ihre Zuhörer von einem Standpunkt, einer Idee oder einem Produkt zu überzeugen, dann schließen Sie mit einem Appell ab: „Sie wissen, meine Damen und Herren, Mitte ist

Mäßigung. Lassen Sie es nicht so weit kommen. Seien Sie kreativ, nutzen Sie Ihr kreatives Potenzial. Viel Erfolg!"

Zuhörer motivieren

Wenn es Ihr Ziel ist, Ihre Zuhörer zu einer Handlung zu motivieren, beenden Sie Ihre Ausführungen mit einer aufmunternden Bemerkung: „Klicken Sie beherzt alle Funktionalitäten an. Probieren Sie das Programm aus. Mehr als abstürzen kann es nicht. Falls mal eine Frage auftaucht, greifen Sie zum Hörer oder schreiben Sie mir eine Mail. Hier meine Telefonnummer und meine E-Mail-Adresse." (Nummer und E-Mail-Adresse einblenden oder an Flipchart schreiben.)

Oder leiten Sie sympathisch und selbstbewusst in die Fragerunde oder Diskussionsrunde über: „Ich freue jetzt mich auf Ihre Fragen." Oder: „Ich freue mich auf die Diskussion mit Ihnen."

Das Ende ankündigen

Kommen Sie wirklich zum Schluss!

Berüchtigt ist die Ankündigung: „Ich komme jetzt zum Schluss." Berüchtigt deshalb, weil einige für diesen Schluss länger benötigen als für den Hauptteil. Manche Präsentatoren drehen dabei so viele Schleifen, bis sie schließlich nicht mehr wissen, wie sie aus dem Labyrinth wieder herauskommen sollen. Legen Sie sich die letzten Sätze Ihrer Präsentation gut zurecht. Überlegen Sie genau, was Sie sagen und wie Sie es sagen. Auch mit einer direkten Anrede können Sie das nahende Ende Ihrer Präsentation ankündigen.

In der Regieanweisung des folgenden Beispiels finden Sie Hinweise zu Ihrer Stimmführung. Um Bogensätze, Punkte und Pausen geht es im Kapitel 7 „Sprechen Sie sicher".

Inhalt	Regieanweisung
Ja, meine Damen und Herren,	Kurz vor Schluss die Zuhörer direkt ansprechen. Lautstärke anheben. Bogensatz. Punkt. Pause.
Sie sehen …	Bogensatz. Punkt. Pause. Diese betont langsame und pausengefüllte Sprechweise macht Ihre Zuhörer hellhörig.

… es funktioniert, Kunden mit einer besonderen Serviceleistung an sich zu binden.	Bogensatz. Punkt. Pause. Bringen Sie Ihre Kernaussage auf den Punkt. Bitte keinen Schachtelsatz verwenden.
Probieren Sie es aus.	Bogensatz. Punkt. Pause. Handlungsanweisung ans Publikum.
Ich freue mich auf Ihre Fragen.	Das Publikum anlächeln, Blickkontakt halten. Applaus entgegennehmen. Wenden Sie sich in diesem Moment auf keinen Fall der Technik wie Rechner oder Overheadprojektor zu. Bleiben Sie frontal zum Publikum stehen. Signalisieren Sie dem Publikum genau das, was Sie sagen: Ich freue mich auf Ihre Fragen.

Aus für „Ich hoffe …“

Streichen Sie aus Ihrem Repertoire alle Schluss-Sätze, die anfangen mit „Ich hoffe“:
„Ich hoffe, Sie haben einen Einblick in unser Produktportfolio gewinnen können.“
Lassen Sie am Ende keine Zweifel an Ihrer Überzeugungskunst aufkommen. Seien Sie bis zum Schluss eindeutig und klar in Ihrer Aussage. Schließen Sie mit einem Appell, einer charmanten oder amüsanten Bemerkung ab: „Das ist unser Produktportfolio. Machen Sie was draus!“

Die Brücke zum Einstieg

Am Ende noch einmal auf den Anfang zurückkommen: Wer mit einem Bild, einer bildhaften Sequenz oder einem Motto die Präsentation gestartet hat, hat schon eine gute Voraussetzung für einen im wahrsten Sinne abgerundeten Abschluss geschaffen.

z.B. Die Präsentation begann mit dem Bild eines Basislagers am Fuße eines Achttausenders. Möglicher Schlusssatz: „Ihr Ziel ist, die Spitze zu erreichen. Was Sie dazu brauchen, ist ein verlässliches Basislager. Wir freuen uns darauf, dieses Basislager zu sein."

Aus für „Vielen Dank für Ihre Aufmerksamkeit"

Um es mit allem Nachdruck zu sagen: Bitte verbannen Sie die Folie „Vielen Dank für Ihre Aufmerksamkeit" ein für alle Mal aus Ihren Präsentationen. Denn dieser völlig nichtssagende Satz bringt Sie garantiert um einen merk-würdigen Abschluss Ihrer Präsentation.

Noch Fragen?

Unsinnig, dennoch häufig zu hören ist die Kombination „Vielen Dank für Ihre Aufmerksamkeit. Haben Sie noch Fragen?" Wenn man sich vorstellt, dass eine Präsentation einem Flug vom gelungenen Start bis zur erfolgreichen Landung gleicht, ist ein Ende mit Dank für die Aufmerksamkeit fast eine Bruchlandung. „Noch Fragen?" ist der verzweifelte Versuch, den Flieger möglichst schnell zur Landung zu bringen, und dann nichts wie raus. Setzen Sie lieber weich und elegant auf. Dann ist Ihnen der Respekt Ihrer Zuhörer sicher. Leiten Sie über in die Fragerunde zum Beispiel mit: „Jetzt bin ich neugierig auf Ihre Fragen." Oder erlösen Sie die Teilnehmer mit einer Ich-Aussage: „Ich danke für die Zeit mit Ihnen."

Der Beifall gilt Ihnen

Glückwunsch, das Publikum applaudiert! Genießen Sie diesen Moment, indem Sie dem Publikum zugewandt stehen bleiben und Ihre Zuhörer lächelnd ansehen. Wenden Sie sich Ihren Sachen erst dann zu, wenn der Applaus abgeebbt ist.

Das Stichwortmanuskript

Zur guten Vorbereitung gehört auch ein gutes Stichwortmanuskript. Niemand erwartet von Ihnen, dass Sie frei sprechen. Gelegentliche Blicke auf die Karteikarte sind durchaus zulässig.
Verwenden Sie DIN A5 oder DIN A6 große Karteikarten. Falls Sie keine Karteikarten zur Hand haben, schneiden Sie DIN A4 große Blätter in der Mitte durch. Nachteil dieser Variante ist allerdings, dass Standardpapier nur 80g schwer ist. Falls Ihre Hände zittern, flattert das Papier. Karteikarten bestehen aus sehr viel festerem Papier. Das Zittern ist nicht sichtbar.

Schweres Papier verwenden

Kleine Formate wie die winzigen DIN-A7-Karteikarten verleiten zu kleiner Gestik. Wenn Sie schmale Schultern haben, greifen Sie lieber zum DIN-A5-Format. Damit wirken Sie breiter und nicht so verkrampft und eingeengt wie mit der kleinen Karte.
Verwenden Sie für jeden Abschnitt eine neue Karte. Schreiben Sie groß und nummerieren Sie die Karten.
Ist das Lampenfieber mächtig, formulieren Sie den Einstieg in Ihre Präsentation am besten aus. In den meisten Fällen werden Sie die ersten Sätze sicherlich auch ohne ständiges Blinzeln auf die Karteikarte hinbekommen. Mit einer vorbereiteten Karte kommt allerdings erst gar keine Katastrophenstimmung auf à la „Was mache ich bloß, wenn ich gleich in der ersten Sekunde einen Blackout habe?".

Stichwortkarten mit Regieanweisungen

Ihre Stichwortkarten eignen sich aber nicht nur für Text. Hervorragend sind sie für Regieanweisungen geeignet. Wann Sie eine neue Folie einblenden oder an welcher Stelle Sie ein vorbereitetes Flipchartblatt zeigen wollen, lässt sich wunderbar auf der Karte vermerken.
Wer den Blick gern zum Fenster richtet oder bevorzugt nur bestimmte Personen anschaut, malt ein Auge auf die Karten. Jeder

Blick auf die Karten erinnert Sie daran, alle Teilnehmer mit Blickkontakt zu verwöhnen.
Das Gleiche gilt fürs Lächeln. Zwar ist es manchmal ganz sinnvoll, eher wie eine kaltblütige Pokerspielerin zu gucken oder einen Widersacher mit einem eiskalten Haifischlächeln anzuschauen. Wenn Sie Ihr Anliegen durchbringen wollen, ist ein gewinnendes Lächeln jedoch sehr förderlich. Wer eher zu verkrampfter Mimik neigt, malt ein Smily auf die Karte.
So könnte Ihre Stichwortkarte aussehen:

Thema/Unterthema		
Karte	Hauptstichwort	Hilfsmittel
1	Mögliche Inhalte: ❑ Anfangs- und Schluss-Satz ❑ Fakten ❑ Zahlen ❑ Regieanweisungen: → Blickkontakt ☺ → Lächeln	Folie, Plakat etc.

To do

Sprechen Sie nicht, während Sie auf die Karte schauen. Lesen Sie das Stichwort, schauen Sie auf und tragen Sie erst dann den Inhalt vor. Üben Sie diesen Ablauf vor einem Spiegel. Fangen Sie erst an zu reden, wenn Sie Ihrem Spiegelbild in die Augen schauen.

Lieber früher als später

Wie lang sollte eine Präsentation dauern? Bei vielen Veranstaltungen, vor allem bei Konferenzen, Tagungen, Messen, werden Zeitvorgaben gemacht. Hier lauern zwei Fallstricke:

Fallstricke

Erster Fallstrick: Redezeit zu 100 Prozent verplanen: Sie proben die Präsentation zu Hause und stellen fest, dass Sie den Inhalt in exakt der vorgegebenen Redezeit unterbringen. Dieses Kunststück schaffen die meisten nur zu Hause. Denn dort gibt es weder einen Zuhörer, der eine Zwischenfrage stellt, noch einen Vorredner, der beim Überschreiten seiner Redezeit Ihr Zeitbudget anknabbert. Verplanen Sie deshalb nicht Ihre gesamte Redezeit. Bekommen Sie beispielsweise 45 Minuten zur Verfügung gestellt, reicht es, wenn Sie sich für maximal 40 Minuten auf den Vortrag vorbereiten. Keine Sorge, wenn alles reibungslos läuft und Sie tatsächlich nach 40 Minuten das letzte Wort sagen. Es kommt bei den Zuhörern sehr viel besser an, früher fertig zu sein als später.

Zweiter Fallstrick: Die Zeitvorgabe wird nachträglich gekürzt: Der Zeitplan der Veranstaltung gerät aus den Fugen. Sie haben sich auf eine 45-minütige Präsentation vorbereitet, doch der Veranstalter bittet Sie aufgrund des Zeitverzugs, Ihren Vortrag auf eine halbe Stunde zu kürzen. Zeigen Sie sich in diesem Fall als souveräne Präsentatorin. Natürlich sind Sie auf diesen Fall vorbereitet. Deshalb versuchen Sie erst gar nicht, trotzig und verbissen den gesamten Inhalt Ihres Vortrags durch eine schnelle Redeweise in den 30 Minuten unterzubekommen. Sie beeindrucken vielmehr durch eine gekonnte Kürzung Ihres Vortrags. Denn wozu haben Sie eine Mind Map oder ein Ishikawa-Diagramm angelegt? Genau diese Hilfsmittel helfen Ihnen bei einer Veranstaltung, spontan zu entscheiden, welche Schwerpunkte *absolut* notwendig sind.

Gilt der vorgesehene Zeitplan nicht mehr, haben häufig auch die Konzentrationsfähigkeit und Aufnahmebereitschaft der Zuhörer ihren Zenit überschritten. Streichen Sie deshalb lieber ein paar Sachinformationen und legen Sie das Gewicht auf anschauliche Beispiele. Lassen Sie alle Schuldzuweisungen wie: „Weil mein

Vorredner überzogen hat, bekommen Sie nun leider nur eine abgespeckte Version meiner Präsentation.“ Führen Sie auch nicht aus, was Sie Ihren Zuhörern vorenthalten: „Sie werden sicherlich verstehen, dass ich Ihnen in 30 Minuten nicht alles präsentieren kann, wofür ich eigentlich 45 Minuten gebraucht hätte. Die Punkte A, B und C kann ich Ihnen deshalb nicht vorstellen.“ Es wäre kein Wunder, würden nach einem solch missglückten Einstieg die Zuhörer denken: „Na, was für ein Glück!“
Beginnen Sie ohne beleidigten oder gequälten Unterton. Zeigen Sie Ihren Zuhörern, dass Sie in der Lage sind, das Beste aus dieser Situation zu machen.

z.B.

Beginnen Sie mit einem persönlichen Einstieg und mit einem indirekten Kompliment an die Zuhörer: „Ich hätte gern 45 Minuten mit Ihnen verbracht. Jetzt habe ich immerhin noch 30. Guten Tag, meine Damen und Herren, ...“ Oder: „Die Zeit ist knapp. Deshalb verzichte ich heute auf die Einleitung und komme geradewegs zum Thema.“ Die Zuhörer bekommen bei diesem Satz den Eindruck, dass sie lediglich auf die Einleitung zu verzichten haben und ansonsten die vollständige Präsentation hören.

Folien ausblenden

Wer eine PowerPoint-Präsentation vorbereitet hat, tut gut daran, vor der Präsentation alle Folien, für welche die Zeit nicht reicht, auszublenden. So werden die Zuhörer nicht durch ständiges Weiterblättern irritiert. Noch besser ist es freilich, Sie bereiten sich auf eine solche Situation vor und haben eine zweite gekürzte Fassung dabei.

Die Dauer bestimmen Sie

Was für ein Glück, wenn Sie selbst bestimmen können, wie lange Sie reden möchten. Optimal sind 20 bis 30 Minuten. Diese Zeitspanne reicht, um zwei bis maximal drei Punkte ausführlich und anschaulich darzulegen. Haben Sie für Ihre Präsentation eine halbe Stunde vorgesehen, nutzen Sie nur 20 Minuten für Ihre Ausführungen. Die restlichen zehn Minuten gehören der Frage- und Diskussionsrunde.

Fazit

Ear-Catcher

Wo der Überblick fehlt, ist das Grauen nicht weit. Eine klare Struktur, ein erkennbarer roter Faden, ein unmittelbarer, spannender Einstieg als „Ear-Catcher" und ein bemerkenswertes Ende: Das sind einige wichtige Ingredienzen für eine wirkungsvolle Präsentation. Mit diesen Bestandteilen durchkreuzen Sie erfolgreich den Einheitsbrei von immer gleichen Einleitungen, sachlich abgespulten Hauptteilen und müden Schlusspunkten. Sind Sie auf einem Kongress, beginnen Sie bitte nicht wie alle anderen mit der Begrüßung, Ihrem Namen und dem Abstract. Durchbrechen Sie das Muster und gönnen Sie sich und Ihren Zuhörern einen Kopfsprung ins Thema. Sie werden schon allein dadurch, dass Sie vom Herkömmlichen abweichen, präsenter sein als Ihre Vorrednerinnen und Vorredner.

Entscheidungen treffen

Präsentieren bedeutet, sich für bestimmte Inhalte zu entscheiden. Welchen Schwerpunkt setzen Sie? Und noch wichtiger: Was lassen Sie weg? Vielen Präsentatoren fehlt der Mut, eine klare Entscheidung bezüglich der Informationen und Inhalte zu treffen. Nicht der Informationsüberfluss, sondern die Entscheidungsschwäche ist die Grundlage schlechter Präsentationen. Viele Präsentationen haben wegen der unbeholfenen Art, wie Dinge dargestellt werden, ihre eigene Komik. Der Redner stellt alle, aber auch wirklich alle Argumente, die für sein Anliegen sprechen, minutiös vor. Verlassen Sie beim Präsentieren Ihre hermetische Expertenwelt. Greifen Sie zwei oder drei Ihrer kräftigsten Argumente heraus und breiten Sie diese in plastischer Weise vor Ihren Zuhörern aus.
Sie wollen Wirkung erzielen. Sagen Sie Ihren Zuhörern, was Sie von ihnen wollen und erwarten. Mit allem Charme, aber auch mit aller Entschiedenheit.

5 Versuch's mal mit Persönlichkeit

Wie sie mit einer wirkungsvollen Sprache eine Beziehung zum Publikum aufbauen und wie Sie über kluge Dinge klug sprechen, erfahren Sie in diesem Kapitel.

Logik oder Gefühl?

Schauen Sie sich im Fernsehen eine Nachrichtensendung an. Was bleibt von den Informationen hängen? Untersuchungen haben gezeigt, dass viele Fernsehzuschauer schon ein paar Minuten nach den Nachrichten nicht mehr wissen, was genau in der Welt passiert ist. Katastrophen, Unfälle und Sensationen bleiben am längsten haften. Dieses Phänomen hängt keineswegs damit zusammen, dass Bilder zu den Nachrichten gezeigt werden. Auch Parlamentsdebatten werden bebildert, Politiker bei laufender Kamera befragt. Dennoch erinnern sich die Zuschauer an die damit verbundenen Inhalte weniger gut. Es sind vielmehr die Gefühle, die dafür sorgen, dass die gehörten oder gesehenen Inhalte Wirkung zeigen.

„Ich bin ein Berliner!"

„Ich bin ein Berliner!", rief John F. Kennedy den Berlinern 1963 zu. Dieser Satz zielte direkt auf das Gefühlszentrum seiner Zuhörer. Und noch heute verfehlt dieser Satz nicht seine Wirkung. Wann immer über die Geschichte Berlins berichtet wird, ist dieser Satz zu hören.

Ein Missverständnis aufdecken

Es gibt einige Irrtümer über das Präsentieren. Der eine ist, dass gerade mal 7 Prozent vom Inhalt einer Präsentation bei den

Zuhörern haften bleiben. Deshalb sei der Inhalt gar nicht der entscheidende Faktor für den Erfolg oder Misserfolg einer Präsentation. Viel entscheidender seien vielmehr die Visualisierung und das Auftreten des Redners. Was über die Visualisierung zu sagen ist, finden Sie im Kapitel 9 „Die Augen hören mit". Und über das Auftreten des Präsentators lesen Sie mehr im Kapitel 6, Abschnitt „Bewahren Sie Haltung". An dieser Stelle nur so viel: Natürlich sind Visualisierung und Auftritt des Vortragenden wichtig. Ob Ihre Präsentation Wirkung erzielt, ist allerdings weniger von perfekt gestylten Folien abhängig als vielmehr von der Art und Weise, wie Sie den Inhalt sprachlich rüberbringen.

Auf die Gefühlsebene zielen

Humphrey Bogart sagte einst: „Frauen, die lange ein Auge zudrücken, tun es am Ende nur noch, um zu zielen." Zielen Sie nicht, um abzudrücken. Zielen Sie einfach auf die Gefühlsebene Ihrer Zuhörer. Auch damit lösen Sie eine Menge aus.

Die Zuhörer emotional zu bewegen hat nichts mit Gefühlsduselei, Rührseligkeiten oder weich gekochten Argumenten zu tun. Die Gefühlsebene erreichen Sie mit plastischen Schilderungen, das heißt mit einer konkreten und bildhaften Sprache.

Die Unterwasserwelt

Nur der geringste Teil eines Eisbergs, etwa 20 Prozent, liegt über Wasser. Ähnlich ist es mit Äußerungen, denen wir zuhören und die an uns gerichtet sind. Wir nehmen nur einen kleinen Teil der Botschaft direkt wahr. Unterhalb der Wasseroberfläche liegen unsere Gefühle, unsere Absichten und Motive. Auf dieser Ebene dringen Sprachbilder, Geschichten, die uns berühren, oder eigene Erfahrungen zu uns durch. Beide Ebenen beeinflussen unsere Aufnahmebereitschaft: die reale Zahlen-, Daten-, Faktenebene über den Wellen mit allerhöchstens 20 Prozent, die spontane, intuitive Unterwasserwelt mit bis zu 80 Prozent.

Intellektuell verstehen wir einen Satz wie: „Italien ist ein Land mit einer Fläche von 301.336 km² und einer Einwohnerzahl von knapp 59 Millionen" Dieser Satz wird aber bei kaum jemandem Bilder oder Emotionen auslösen, geschweige denn Neugier wecken oder in Erinnerung bleiben.

Was ein Eisberg mit unserer Sprache und unserem Wirken zu tun hat

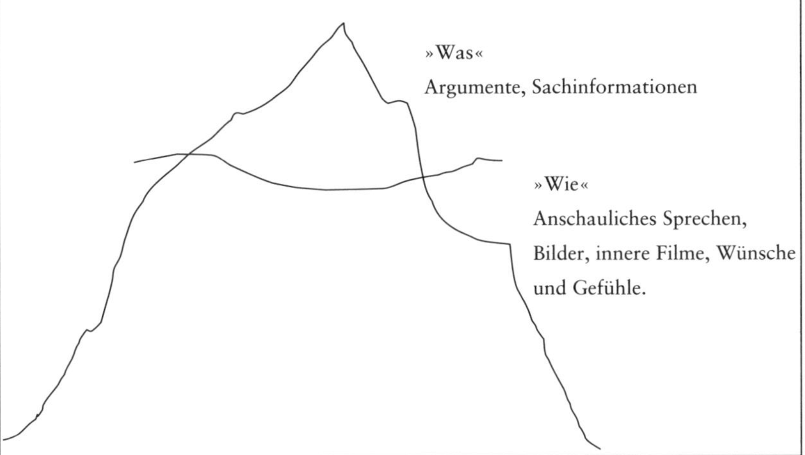

Blühende Landschaften

Ganz anders ist es beim Satz: „Kennst du das Land, wo die Zitronen blühn?“ Die Aufnahmebereitschaft der Zuhörer wird nach oben katapultiert. Der Satz hat unsere Unterwasserwelt erreicht. Die Sehnsucht nach dem „Dorthin“ wird geweckt.

Es gibt Redner, die auf die 20 Prozent oberhalb der Wasseroberfläche fixiert zu sein scheinen. Die Zuhörer machen manchmal noch gute Miene zum langweiligen Vortragsstil und tun so, als hörten sie zu. In Wirklichkeit haben sie längst abgeschaltet, weil sie das Gesagte weder interessiert noch betrifft.

Bildhaft sprechen

Zuhörer suchen permanent nach emotionalen Färbungen und bildhaften Schilderungen, die sie mit ihrer Welt in Übereinstimmung bringen können. Konkrete Aussagen, fassbare Begriffe und einleuchtende Vergleiche landen direkt unterhalb der Wasseroberfläche. Solche Inhalte erzielen Wirkung, sie lassen die Zuhörer aufhorchen.

z.B. Unkonkrete Aussage: „Contentmanager konzipieren und realisieren Inhalte für Inter-, Intra- und Extranets."
Konkrete, bildhafte Aussage: „Wir Contentmanager sind Datengräber. Ob das, was wir schürfen, waschen, polieren und arrangieren, Gold ist oder nur Bronze, darüber befinden die Leserinnen und Leser Ihrer Website."
Unkonkrete Aussage: „Mit unserem Managementtool lassen sich die einzelnen Abteilungen enger verzahnen."
Konkrete Aussage: „Wir schaffen Schnittstellen zwischen den Abteilungen. Dank dieser Schnittstellen lösen sich die Kommunikationsprobleme zwischen den Abteilungen auf wie Kandis in heißem Tee."

In Zusammenhängen denken

Ich höre häufig von Seminarteilnehmern den Einwand: „Ich kann gar nicht so anschaulich sprechen." Doch, jeder kann das. Es gehört ein bisschen Übung dazu und die Freude am Assoziieren. Wer einmal gemerkt hat, welche Wirkung eine anschauliche Sprache hat, will sowieso nie wieder zu einem steril-trockenen Stil zurück. Die Zuhörer sind aufmerksamer und besser gelaunt. Wenn Ihnen nicht sofort ein Bild zu den Fachbegriffen Ihrer Präsentation einfällt, überlegen Sie, in welchen Zusammenhängen die Begriffe noch auftauchen. Eine Mind Map hilft beim Assoziieren. Eine andere Methode, um an Ideen zu kommen, ist eine abgewandelte Form des Spiels „Stadt – Land – Fluss". Gehen Sie das Alphabet durch und überlegen Sie zu jedem Buchstaben Wörter, die mit Ihrem Begriff im Zusammenhang stehen.

z.B. Das Spiel sähe zum Begriff „Contentmanagement" so aus:
A: **a**lles, **a**nders, **A**ntennen für Themen haben; B: **B**asisinformationen, Texte **b**egrenzen, unterschiedliche **B**ereiche, wie mit einem **B**esen durch einen Text fegen; C: **C**hronik, **C**lou; D: **d**urchdenken, **d**urchkämmen; E …

Feedback Gesamtpräsentation

Aufruhr in der Unterwasserwelt

Auch in der Einschätzung einer Präsentation spielt das Eisbergmodell eine Rolle. Oberhalb der Wasseroberfläche ist die Welt scheinbar in Ordnung. Das Feedback spielt sich auf der Sachebene ab. Unter der Wasseroberfläche hingegen rumort es. Im Bauch der Zuhörer regen sich Gefühle von Desinteresse über Langeweile bis hin zu Verdrossenheit. Man ist vom WIE des Vortrags genervt und enttäuscht. Zuhörer werden ihren Unmut nicht zum Ausdruck bringen, indem sie sagen: „Sie nerven mit Ihren staubtrockenen Ausführungen!“ Manchmal wird die Enttäuschung in der anschließenden Diskussions- oder Fragerunde durch bissige Fragen und Bemerkungen zum Ausdruck gebracht. Fragen oder Kommentare, die zwar auf die Sache abzielen, im Tonfall jedoch grimmig und gereizt klingen, sind ein Indiz für eine drohende Havarie. Die Ausführungen haben in der Unterwasserwelt der Zuhörer Verdruss hinterlassen. Man wird infrage gestellt oder attackiert mit spitzen Ausrufezeichen: „Wie kommen Sie (!) denn zu dieser (!) Behauptung?(!)“

Das „Wie“ ist entscheidend

Viele Präsentatoren sagen, dass sie so viel interessantes Neues zu sagen hatten, die Zuhörer aber trotzdem das Gähnen kaum unterdrücken konnten. Die Welt wird nicht neu erfunden. Viel Neues kann man als Präsentator nicht mehr bieten. Auch ein neues Produkt ist in Wirklichkeit vielleicht gar nicht neu, sondern nur die Optimierung oder Weiterentwicklung eines bereits bestehenden. Die Geschäftszahlen des vergangenen Jahres mögen für die Zuhörer neu sein, doch sind die Zahlen deswegen hörenswert? Die Zahlen gewinnen erst durch die Art, wie sie präsentiert werden, an Wirkung. Die Dramaturgie, der Tusch machen Fakten oder Zahlen zu einem Hörgenuss.

z.B.

Präsentation der Geschäftsführerin vor Führungskräften, Thema: Umsatzsteigerung
Version 1: „Meine Damen und Herren, kommen wir gleich zu Beginn unseres heutigen Meetings zu den Umsatzzahlen des vergangenen Jahres. Sie erinnern sich, dass wir den Umsatz um 8 Prozent steigern wollten. Das ist uns dank Ihrer tatkräftigen Mithilfe gelungen! Wir haben die Erwartungen sogar übertroffen. Um ganze 10 Prozent ist der Umsatz gestiegen. Dafür gilt Ihnen mein außerordentlicher Dank."
Version 2: „Liebe Kolleginnen und Kollegen, im letzten Jahr um diese Zeit haben wir uns eine Umsatzsteigerung von 8 Prozent vorgenommen. Sicher erinnern Sie sich, dass uns bei diesem ehrgeizigen Ziel nicht ganz wohl zumute war. Die Prognosen waren alles andere als rosig. Nun – 12 Monate später – liegen die Zahlen auf dem Tisch (weist mit einer Hand auf einen Stapel Blätter auf dem Tisch). 8 Prozent war unser Ziel. Ich sage ganz bewusst ‚war'. Denn vergessen Sie die 8 Prozent. Der Markt war rückläufig. Wir haben Entschlossenheit gezeigt. Was wir geschafft haben, liebe Kolleginnen und Kollegen, sind (Pause) 10 Prozent."

Das erste Beispiel ist der klassische Dank der Geschäftsführerin an die Führungskräfte: kein Spannungsbogen, sondern gleich heraus mit der Sprache. „Dank Ihrer tatkräftigen Mithilfe" – ein Allgemeinplatz, der immer geht, ob bei der Mitarbeit im Betrieb, bei ehrenamtlichen Aufgaben oder beim privaten Umzug. Für solche ungelenken Floskeln ernten Sie nur ein müdes Lächeln. „Wir haben die Erwartungen sogar übertroffen." Jetzt soll Spannung aufkommen. Die Spannung ist aber schon durch den Dank verpufft. Die Zuhörer wissen, dass der Umsatz erzielt wurde. Außerdem wirkt der Satz in Kombination mit der dann folgenden Äußerung ein wenig übertrieben. Die Erwartungshaltung, die mit den Wörtern „sogar übertroffen" geweckt wird, liegt bei mehr als

2 Prozent. Diesen Tagesordnungspunkt schließt die Geschäftsführerin mit einem weiteren Dank ab. Auch dieses Dankeschön ist sperrig, sachlich und distanziert formuliert.

Klare, anschauliche Sprache + Spannung

In der zweiten Version beginnt die Geschäftsführerin mit einer kurzen Einleitung. Sie erinnert die Zuhörer an ein gemeinsames Erlebnis: „Letztes Jahr um diese Zeit ...“ Bilder und gemeinsame Erinnerungen werden wach. Dann wechselt sie die Zeitebene und unterstützt den folgenden Satz gestisch: „Jetzt liegen die Zahlen auf dem Tisch.“ Danach betont sie noch einmal, welches das gemeinsam Ziel innerhalb eines rückläufigen Marktes war. Die Zuhörer haben an dieser Stelle noch keine Ahnung, ob das Ergebnis katastrophal ist oder die 8 Prozent erreicht wurden. Spannungsaufbau! „Wir haben Entschlossenheit gezeigt.“ War diese Entschlossenheit umsonst? Jetzt lüftet die Geschäftsführerin das Geheimnis. 10 Prozent in einem rückläufigen Markt. Sie schreibt 10% auf ein Flipchartblatt.

Glückwunsch! Die Geschäftsführerin kommt ohne Floskeln aus, ohne gestelzte und emotionslos wirkende Dankeschöns. Sie wählt eine klare Sprache, bringt Spannung in die kleine Rede, weckt Erinnerungen und erzeugt Bilder. Und das alles ganz unaufgeregt, ohne Zauberkasten oder sonstige Sperenzchen.

Tipp

Präsentieren bedeutet nicht, wie eine Zauberin die Bühne zu betreten und aus dem Koffer eine sensationelle Requisite nach der anderen zu ziehen, um die Zuhörer zu verblüffen und bei konzentrierter Laune zu halten. Vieles, was Sie zum erfolgreichen und wirkungsvollen Präsentieren benötigen, bringen Sie mit. Ihre Stimme, Ihre Gestik, Ihre Mimik, Ihren Charme. Und noch ein Weiteres bringen Sie mit: Ihre Sprache. Wie Sie diese so wirkungsvoll wie möglich einsetzen, zeigt der nächste Abschnitt.

Kühn, selbstsicher, couragiert

Die Rolle der Kommunikation

Frauen kommunizieren besser. Sie finden intuitiv die richtigen Worte. Nur bringen sie diese leider nicht so oft ein.
Lehnen Sie sich zurück und überlegen Sie: In welchen Meetings und Konferenzen haben Sie in letzter Zeit geschwiegen, obwohl Sie zu einigen Punkten gern etwas gesagt hätten? Fällt Ihnen auf, dass Sie anderen mehr Zeit zum Sprechen einräumen?
Reden wird im Berufsleben als dominant empfunden. Schweigen signalisiert Schwäche. Ergreifen Sie in beruflichen Situationen so oft wie möglich das Wort und stärken Sie Ihre Position. Am einfachsten bringen Sie sich mit offenen Fragen ins Spiel: „Wie werden Sie konkret vorgehen, Herr Dreier?" „Welche Vorteile sehen Sie in der vorgestellten Lösung?" „Wie sehen Sie die Prognosen für die kommenden zwei Jahre?" Jedes öffentliche Reden ist ein Training für Ihre Präsentationen und die anschließenden Diskussionsrunden.

> „Ich möchte Ihnen dieses Buch ans Herz legen, da es für Sie vielleicht nützlich sein könnte." Ein typisch weiblicher Satz. Zurückhaltend, höflich und lasch. Ein Mann sagt: „Lesen Sie das Buch, Sie werden mehr Erfolg in Ihrem Job haben!" Vergessen Sie das weiblich-demütige Sprachverhalten! Clevere Präsentatorinnen sind sich der Macht ihrer Worte bewusst.

Wie Sie Ihre Wirkung steigern, zeigen die folgenden 21 Maßnahmen:

1. Sprechen Sie Ihre Zuhörer persönlich an

Frau Rothe sitzt im Meeting gemeinsam mit ihrer Führungskraft und sieben weiteren Kollegen. Das Gespräch dümpelt seit einer Viertelstunde vor sich hin. Frau Rothe ist mit den Gedanken bei ihrer morgigen Präsentation. Aus den Augenwinkeln sieht sie, dass ihre Führungskraft Strichmännchen auf die Agenda malt. Plötzlich, wie aus dem Off, hört sie die Stimme ihrer Führungskraft: „Frau Rothe, wie stehen Sie denn zum Angebot der Sibes AG?" Frau Rothe fällt vor Schreck fast der Stift aus der Hand. Dem ersten Impuls, „Nichts" in die Runde zu rufen, gibt sie glücklicherweise nicht nach. Alle Augen sind auf sie gerichtet. Frau Rothes Nervosität steigt. Ihr Magen zieht sich zusammen. Sie steht kurz vor einem Schweißausbruch. Die Formel „Gestern – heute – morgen" schießt ihr durch den Kopf. Sie schaut ihre Führungskraft an und …

Wie wirkt der Text auf Sie? Fühlen Sie sich in den Bann gezogen? Lesen Sie zum Vergleich diesen Text:

Zuhörer gedanklich einbinden

Stellen Sie sich vor, Sie sitzen im Meeting gemeinsam mit Ihrer Führungskraft und sieben weiteren Kollegen. Das Gespräch dümpelt seit einer Viertelstunde vor sich hin. Sie sind mit den Gedanken bei Ihrer morgigen Präsentation. Aus den Augenwinkeln sehen Sie, dass Ihre Führungskraft Strichmännchen auf die Agenda malt. Plötzlich wendet sich die Führungskraft an Sie und fragt Sie mit herausforderndem Blick: „Wie stehen Sie denn zum Angebot der Sibes AG?" Ihnen fällt vor Schreck fast der Stift aus der Hand. Dem ersten Impuls, „Nichts" in die Runde zu rufen, geben Sie glücklicherweise nicht nach. Alle Augen sind auf Sie gerichtet. Ihre Nervosität steigt. Ihr Magen zieht sich zusammen. Sie stehen kurz vor einem Schweißausbruch. Die Formel „Gestern – heute – morgen" schießt Ihnen durch den Kopf. Sie schauen Ihre Führungskraft an und …

Mit dem kleinen Trick, die Zuhörer – in diesem Falle die Leser – persönlich anzusprechen, erreichen Sie Spannung, Aufmerksamkeit, Neugier. Sie ziehen die Zuhörer förmlich in Ihren Redebann. Der erste Text mag anschaulich und als Beispiel für eine unbeliebte Redesituation passend sein. Doch was haben die Zuhörer mit Frau Rothe zu tun?

Mit der Sie-Anrede binden Sie die Teilnehmerinnen und Teilnehmer gedanklich und emotional ein. Die Zuhörer befinden sich mitten im Geschehen. Die Anrede weckt eigene Bilder und Erfahrungen.

Tipp Mit dieser Technik lassen sich auch auf wunderbare Weise Sprüche und Zitate in die Erfahrungswelt Ihrer Zuhörer integrieren:
„Mal angenommen, Sie wollen aus dem obersten Regalfach eines Bücherregals ein Buch herausnehmen. Da Sie mit ausgestrecktem Arm das Buch nicht erreichen, stellen Sie sich auf die Zehenspitzen. Mit einer Hand wollen Sie das Buch greifen, mit der anderen halten Sie sich am Regal fest. Und da passiert es: Sie verlieren kurz das Gleichgewicht und ziehen mit dem gewünschten Buch gleich noch weitere Bücher aus dem Regal. Sie sehen: Wer sich auf Zehen stellt, steht nicht fest. Sichern Sie sich deshalb ein solides Fundament. Unsere Leitern und Tritthocker ..."
Üben Sie diese Technik mit Sprüchen wie:

- „Wege entstehen dadurch, dass man sie geht."
- „Auch aus Steinen, die dir in den Weg gelegt werden, kannst du eine Brücke bauen."
- „Voraussetzung für den Aufstieg auf einen Achttausender ist ein gutes Basislager."
- „Wer A sagt, muss noch lange nicht B sagen."

2. Man nehme „Sie", „ich" „wir" statt „man"

Die direkte Ansprache Ihrer Teilnehmerinnen und Teilnehmer hat Konsequenzen für Sätze mit dem Wörtchen „man".

„man" ist wirkungslos

Mit man-Aussagen bleiben Sie viel zu vage in Ihren Beschreibungen, Forderungen und Erwartungen. „Man muss die Konsequenzen bedenken" hat einen sehr matten Aufforderungscharakter im Vergleich zur direkten Ansprache: „Bedenken Sie die Konsequenzen." Zuhörer beziehen man-Aussagen nicht unbedingt auf sich. Das undefinierte „man" erlaubt ihnen, Aussagen völlig wirkungslos an sich abperlen zu lassen.

Man-Aussagen drücken häufig eine Scheu vor direkten Zuweisungen aus. „Das kann man doch nicht machen!" ist einfacher über die Lippen zu bringen als „Lassen Sie das bitte!". Als Rednerin stehlen Sie sich mit man-Formulierungen aus der Verantwortung. Sie lassen offen, wer etwas machen, feststellen oder in die Wege leiten soll.

z.B.

- „Wenn man diesen Plan zugrunde legt, wird man feststellen, dass ..." – „Legen Sie diesen Plan zugrunde und Sie werden feststellen, dass ..."
- „Man kann davon ausgehen, dass 30 Prozent der Anwender ..." – „Gehen Sie davon aus, dass 30 Prozent der Anwender ..."
- „Man muss die Frage auch mal aus einem anderen Blickwinkel betrachten ..." – „Betrachten Sie die Frage auch mal aus diesem Blickwinkel: ..."
- „Man sollte auch die Prognosen der Wirtschaftsinstitute berücksichtigen." – „Berücksichtigen Sie die Prognosen der Wirtschaftsinstitute."

Eine noch größere Zumutung als man-Aussagen sind Sätze, die völlig ohne Anrede auskommen. Diese Formulierungen sind genauso ermüdend wie das Lesen von Gesetzestexten.

- „Der erste Teil des heutigen Präsentation beschäftigt sich mit ..."
- „Es sind staatliche Regulierungsmaßnahmen zu beobachten. Dabei ist festzustellen, dass ..."

3. Verwenden Sie Ich-Aussagen

An welchen Stellen in Ihrer Präsentation verwenden Sie Ich-Formulierungen? Etwa nur, wenn es um Eingeständnisse geht wie „Da bin ich nicht sicher"? Oder womöglich erst ganz am Ende im nicht sehr überzeugend klingenden Satz: „Ich hoffe, ich konnte Ihnen das Thema näherbringen"? Verbannen Sie alle Ich-Aussagen, die Zweifel und Unsicherheit beinhalten. Nutzen Sie Ich-Aussagen, um Ihre persönliche Kompetenz zu unterstreichen. Mit Ich-Aussagen signalisieren Sie Präsenz, Sie konturieren sich. Die Zuhörer erfahren etwas über Sie, Sie bekommen Profil.

Präsenz durch Ich-Aussagen

- Sie sind Botschafterin in eigener Sache: „Ich bin verantwortlich für das Projekt. Mein Team und ich haben …"
- Sie geben klare Statements: „Ich bin überzeugt vom Erfolg der Kampagne. Ich empfehle Ihnen, noch heute mit der Umsetzung zu starten."
- Sie nehmen Herausforderungen an: „Ich freue mich auf das Projekt mit Ihnen."
- Sie bringen eigene Erfahrungen ein: „Erst neulich habe ich erlebt …" „Ich habe den Projektverlauf anfangs argwöhnisch beäugt. Mittlerweile begeistert mich die sehr strukturierte Herangehensweise …"

4. Seien Sie sparsam mit „können", „sollen", „müssen"

Auf den moralischen Zeigefinger verzichten

Vielleicht haben Sie beim Lesen der man-Sätze in Maßnahme 2 bemerkt, um wie viel geschraubter die unpersönlichen man-Aussagen klingen im Vergleich zu den Sätzen mit direkter Anrede. Das Gestelzte hat auch mit den Modalverben „sollen", „müssen", „können" zu tun. Gern werden Modalverben in Formulierungen wie „Sie können mir glauben …", „Sie sollten bedenken …" verwendet. Diese Aussagen wecken den Eindruck, als hafte ihnen ein kleiner Zeigefinger an. Sagen Sie Ihren Zuhörern, was Sie von ihnen erwarten. Dafür brauchen Sie in den meisten Fällen keine Modalverben.

Tipp Wie empfinden Sie Formulierungen wie „Sie müssen berücksichtigen“ oder „Sie müssen bedenken“? Viele – mich eingeschlossen – reagieren auf diese müssen-Sätze aufmüpfig bis trotzig. Aus Gründen der Höflichkeit sagt man zwar nicht andauernd „Ich muss gar nichts“. Da man sich jedoch nicht maßregeln lassen möchte, geht man innerlich auf Distanz zum Sprecher. In den meisten Fällen können Sie das Wort „müssen“ ersatzlos streichen.

5. Werden Sie konkret

„Auch die mittelständische Firma Renkolab hat vor einiger Zeit unser Kundenbindungssystem eingeführt. Der Umsatz ist seitdem beträchtlich gestiegen.“ Diese Sätze versteht jeder. Doch wird sich wahrscheinlich jeder Zuhörer etwas anderes unter den Informationen vorstellen. Für die einen hat ein mittelständisches Unternehmen die Größe von 200 Mitarbeitern. Andere bezeichnen auch Unternehmen mit 500 Mitarbeitern als Mittelständler. Der Zeitpunkt „vor einiger Zeit“ kann vor einem halben Jahr oder vor 18 Monaten gewesen sein. Und um wie viel der Umsatz gestiegen ist, bleibt auch in der Schwebe.

Zahlen anschaulich machen

Füttern Sie Ihre Zuhörer mit Zahlen, unter denen sie sich etwas vorstellen können. „Der Kino-Eintrittspreis ist im letzten Jahr um 10 Prozent gestiegen.“ 10 Prozent ist zwar eine konkrete Zahl. Die Zahl ist aber zu abstrakt, als dass die Zuhörer das Schrumpfen ihres Geldbeutels vor Augen haben. „Kinokarten kosten mittlerweile im Durchschnitt 8,50 Euro. Im Vergleich zum letzten Jahr bedeutet das eine Verteuerung von knapp 80 Cent.“

Flächen von 500 und mehr Quadratmetern oder gar Quadratkilometern kann sich niemand mehr vorstellen. Bieten Sie Ihren Zuhörern einen Vergleich: „Unsere neue Produktionshalle wird 150 Meter lang sein. Das sind drei 50-Meter-Schwimmbecken.“

Wandeln Sie Prozentzahlen in einen numerischen Wert um. Nicht: „Wir werden im nächsten Jahr knapp 10 Prozent mehr Mitarbeiter

einstellen." Sondern: „Wir steigern die Zahl unserer Mitarbeiter von aktuell 450 auf 500 im nächsten Jahr."
Kürzere Zeitintervalle sind plastischer als lange Zeiträume: „Wir produzieren gut 4300 Autos am Tag." Die Angabe im Sekundentakt ist eindrucksvoller: „Alle 20 Sekunden läuft in unserem Werk ein Auto vom Band."

> Nennen Sie konkrete Zahlen, wenn es um Zeit, Kosten oder Entwicklungen geht:
> Unkonkrete Aussage: „Einen weiteren Zeitverlust können wir uns nicht erlauben."
> Konkrete Aussage: „Einen weiteren Zeitverlust von zwei Tagen können wir uns nicht erlauben.
> Unkonkrete Aussage: „Wir fordern mehr Gehalt."
> Konkrete Aussage: „Wir fordern 3 Prozent mehr Gehalt. Das sind 60 Euro bei einem durchschnittlichen Monatsgehalt von 2000 Euro."
> Unkonkrete Aussage: „Auch in den nächsten Jahren wird sich in Frankfurt die Anzahl der Studenten erhöhen."
> Konkrete Aussage: „Die Uni Frankfurt wird in den nächsten fünf Jahren 3000 Studenten mehr haben als heute."

Statistiken

Übrigens lassen sich auch mit Statistiken Thesen und Meinungen untermauern. Denn egal, welchen Standpunkt Sie zu einem Thema haben, Sie werden eine Statistik finden, die Ihre Ansicht unterstützt und verdeutlicht. Je seriöser und glaubwürdiger die Quelle ist, aus der Sie die Statistik haben, desto überzeugender lässt sich das Zahlenmaterial für Ihre Zwecke nutzen. Als seriös werden beispielsweise das Statistische Bundesamt, Universitäten, Fachzeitschriften und große Forschungszentren eingeschätzt.

Schauen Sie sich vor allem bei den Fachzeitschriften um. Gibt es eventuell eine Fachpublikation, die für Ihre Zielgruppe relevant ist? Verbände bringen häufig Zeitschriften heraus, die nicht im freien Verkauf erhältlich sind. Erkundigen Sie sich, ob es für Ihre Zielgruppe eine solche Publikation gibt. Diese Fachblätter enthalten oftmals brauchbare Hintergrundinformationen und Statistiken, die sich prima in eine Präsentation einbauen lassen.

6. Vermeiden Sie Worthülsen

„Prozessoptimierung ist für uns gleichbedeutend mit Innovation und Flexibilität.“ „Lösungsorientierung steht bei uns an erster Stelle.“

Worthülsen hinterlassen keine Wirkung

Viele Redner lieben es, Begriffe wie „Optimierung“, „lösungsorientierte Maßnahmen“ oder „innovatives Potenzial“ in ihre Präsentation einzuweben. Diese Ausdrücke mögen nach Marktverständnis und betriebswirtschaftlicher Dynamik klingen. Doch wenn man an ihrer schönen Oberfläche kratzt, steht man vor inhaltsleeren Worthülsen. Den Begriffen scheint der Lotusblüteneffekt anzuhaften: Jede Wirkung perlt an ihnen ab, sie hinterlassen keinerlei Spuren, geschweige denn Bilder in den Köpfen der Zuhörer. Diese begrifflichen Brocken werden für die Zuhörer erst dann greifbar, wenn sie in einen Zusammenhang mit ihrer konkreten Arbeitssituation gebracht werden: „Für uns bedeutet ‚lösungsorientiert‘: Wir stellen weniger häufig die Frage ‚Warum?‘ als vielmehr die Frage ‚Wie?‘. Uns interessiert im Zusammenhang mit einem Problem nicht zwingend die Geschichte oder Entstehung. Denn wir machen die Erfahrung, dass die Ursache nur in 10 bis 15 Prozent aller Fälle wichtig ist, um eine Lösung zu entwickeln. Durch unsere Art der Lösungsfindung ersparen wir Ihnen Zeit und oft auch Kopfschmerzen.“

Tipp

In allen Branchen gibt es spezifische Begriffe, die durch Präsentationen, Werbebroschüren und Produktbeschreibungen geistern. Durchforsten Sie Ihre Präsentation nach Wörtern wie „Innovationskraft", „Alleinstellungsmerkmal" oder „Kompetenzerweiterung". Überlegen Sie, wie Sie diese Ausdrücke zum Vorteil Ihrer Zuhörer konkretisieren und mit Inhalt füllen. Welche Bilder sollen mit den Begriffen geweckt werden und in Erinnerung bleiben?

7. Vermeiden Sie den Nominalstil

„Von der Öffnung und Vernetzung des Innovationsprozesses zur expliziten Koinnovation ist es nur ein kleiner Schritt." Der Nominalstil ist sowohl in der geschriebenen als auch in der gesprochenen Sprache sperrig und wenig fürs sofortige Verständnis geeignet. Nominalisierungen schaffen Distanz, also genau das, was für Ihre Beziehung zum Publikum überhaupt nicht angebracht ist. Sie wecken mit diesem Stil keine Vorstellungen und noch weniger lösen Sie mit ihm Begeisterung aus. In Präsentationen trifft man diesen Stil häufig bei Rednern an, die ihre im Nominalstil abgefassten Folien als Stichwortmanuskript benutzen.

8. Vermeiden Sie Schachtelsätze

„Wir haben die Ergebnisse, die auf 120 Befragungen beruhen, von denen 70 Befragungen im ersten Quartal und 50 im zweiten Quartal durchgeführt wurden, ausgewertet und in die Datenbank, die auch vom Direktversender abgerufen werden kann, eingepflegt." Ach so.

Verloren im Labyrinth

Aus solchen labyrinthischen Satzkonstruktionen finden Sie nur mit Glück wieder raus. Die Zuhörer versuchen es erst gar nicht. Sie kapitulieren spätestens beim dritten eingeschobenen Nebensatz. Schachtelsätze lassen einen schnell ins Straucheln geraten und den roten Faden verlieren. Tun Sie sich deshalb selbst den Gefallen und vermeiden Sie solche Satzmonster. Denn durch die vielen Einschübe wissen Sie selbst irgendwann nicht mehr, was Sie eigentlich sagen wollten. Je häufiger es Ihnen passiert, orientierungslos vor einem Satzungetüm zu stehen, desto verworrener wirken Sie. Das ist der denkbar schlechteste Eindruck, den Sie hinterlassen können. Also: Finger weg von Schachtelsätzen.

9. Kurze Sätze

„Während ungefähr 41 Prozent deutscher Großunternehmen das computerbasierte Lernen zur Weiterbildung ihrer Mitarbeiter nutzen, setzen kleine und mittelständische Unternehmen E-Learning viel seltener ein und zeigen noch deutliche Berührungsängste."
Wenn Sie Ihre Präsentation entwerfen, unterlaufen Ihnen möglicherweise solche geschraubten Endlos-Sätze. Denn beim Schreiben neigt man eher zu langen Sätzen als beim Reden. Machen Sie aus solchen Sätzen mehrere kurze Hauptsätze: „41 Prozent der deutschen Großunternehmen bieten ihren Mitarbeitern computerbasiertes Lernen zur Weiterbildung an. Kleine und mittelständische Unternehmen zeigen weitaus mehr Berührungsängste. Sie setzen E-Learning viel seltener ein."

Tipp

„Sie haben in der Grafik gesehen, dass 75 Prozent der Mitarbeiter das computerbasierte Lernen nutzen." Auch ein Satz wie dieser lässt sich in zwei Hauptsätze umwandeln. Der Trick dabei: Ersetzen Sie das Wörtchen „dass" durch einen Doppelpunkt: „Sie haben in der Grafik gesehen: 75 Prozent der Mitarbeiter nutzen das computerbasierte Lernen."

10. Wenden Sie rhetorische Fragen richtig an

Einer der Klassiker unter den Empfehlungen für das wirkungsvolle Sprechen sind rhetorische Fragen. Aber mal ehrlich: Wer von Ihnen denkt „Hey, wahnsinniges rhetorisches Geschick!" bei Fragen wie dieser: „10 Prozent mehr Umsatz! Wer von uns hätte das im letzten Jahr für möglich gehalten?" Wenn Sie einen Spaßvogel im Publikum sitzen haben, ruft der Ihnen zu: „Ich!"

Rhetorische Fragen sollen zum Nachdenken anregen. Antworten werden nicht erwartet. Allerdings wird diese Eigenschaft häufig von den Fragestellern selbst durchbrochen. Nach einer rhetorischen Frage machen sie eine kleine Kunstpause und geben dann selbst die Antwort: „Welches ist der Nutzen unseres neuen Produkts?" Pause. Antwort des Präsentators: „Erstens die Form. Zweitens die Farbe. Drittens die einfache Handhabung." Da der Trick durchschaubar wie ein Glas Wasser ist, werden die Zuhörer alles andere tun, als über eine Antwort nachsinnen. Die Absicht, die Zuhörer zum Nachdenken zu aktivieren, läuft ins Leere.

Tipp Wenn Sie rhetorische Fragen verwenden wollen, dann nutzen Sie die Suggestivkraft dieser Fragen. Wandeln Sie dafür Aussagesätze in rhetorische Fragen um. Besonders gut geeignet sind Sätze, die eine Entwicklung andeuten oder an allgemeine Erfahrungen, Werte und Beobachtungen anknüpfen.

Suggestivkraft

Achten Sie bei Wohltätigkeitsveranstaltungen oder in Benefizsendungen auf die Fragetechnik der Moderatoren. Mit der Suggestivkraft von rhetorischen Fragen stoßen sie bei jedem einzelnen Teilnehmer auf Betroffenheit oder innere Zustimmung: „Meinen Sie, die Kinder würden freiwillig auf den Müllhalden herumspazieren?" „Haben Sie nicht auch gern ein Dach über dem Kopf?"

z.B. Aussagesatz: „An eine Umsatzsteigerung haben wir im letzten Jahr nicht mal zu denken gewagt."
Rhetorische Frage: „Haben Sie im letzten Jahr etwa an eine Umsatzsteigerung zu denken gewagt?" Jetzt sind die Ohren Ihres Publikums gespitzt. Die Zuhörerinnen und Zuhörer lassen die Zeit Revue passieren, erinnern sich an ihre Skepsis, was den wirtschaftlichen Erfolg anging, und sind gespannt auf das, was Sie im Weiteren darlegen werden. Fahren Sie unbeirrt mit Ihren Ausführungen fort. Die Frage wird dadurch wie von selbst beantwortet.

Aussagesatz: „Wir alle stehen vor einer Informationsflut, aus der die für uns wichtigen Inhalte herauszufiltern sind." Rhetorische Frage: „Haben Sie schon eine Methode gefunden, mit der Sie wichtige Inhalte aus der täglichen Informationsflut herausfiltern?" Wie im ersten Beispiel beantworten Sie die Frage nicht selbst. Vielmehr stellen Sie im weiteren Verlauf Ihrer Präsentation eine wirksame Methode für das Filtern von Informationen vor.

„Sie" statt „wir"

Verwenden Sie in rhetorischen Fragen die direkte Sie-Ansprache. Das kollektive „Wir" hat häufig einen schulmeisterlichen Unterton. „Haben wir uns nicht alle schon gefragt, wie wir die Informationsflut in den Griff kriegen?" Die direkte individuelle Ansprache zielt stärker auf die Gefühlsebene Ihrer Zuhörer. Dadurch stehen sie Ihrem Anliegen offener und neugieriger gegenüber.

11. Weniger „-bar"

Schwammige bar-Wörter

„Das ist brauchbar, machbar, finanzierbar und deshalb realisierbar." Die Endsilbe -bar – so mein Eindruck – wächst täglich an Beliebtheit. Typische Sätze für Wörter mit der Endsilbe -bar sind: „Der Plan ist umsetzbar." „Die Zusammenarbeit mit den einzelnen Projektgruppen schien zunächst nicht planbar zu sein." „Die Entwicklung ist nicht vorhersagbar." Die Sätze erinnern an Passivkonstruktionen, in denen der Akteur unerwähnt bleibt. Vielleicht hängt die Popularität der Endsilbe -bar genau damit zusammen. Wer den Plan umsetzt oder die Entwicklung nicht vorhersagen konnte, ist zwar nicht egal. Doch braucht der Sprecher sich keine Gedanken über die klare Nennung von Zuständigkeiten zu machen.
In Präsentationen, in denen es um klare Aussagen und Verbindlichkeiten geht, sind Äußerungen mit bar-Wörtern häufig zu schwammig. Stehlen Sie sich nicht aus der Verantwortung, klar zu sagen, wer was macht oder wer wofür verantwortlich ist: „Wir setzen den Plan um. Die Entwicklung können wir im Moment nicht vorhersagen. Wir halten Sie auf dem Laufenden."

12. Reduzieren Sie Fachsprache

Wer amerikanische Fachliteratur liest, weiß, wie einfach Kompliziertes ausgedrückt werden kann. Selbst wer nicht perfekt Englisch spricht, versteht in den meisten Fällen, worum es geht. In Präsentationen wird leider viel zu oft mit Fachwissen jongliert, das außer dem Redner kaum noch jemand versteht. Dabei muss man dem Präsentator ein gewisses Maß an Betriebsblindheit zugestehen. Wer beruflich ständig über kumulierte Plan-Ist-Abweichungen nachdenkt, vergisst leicht, dass diese Begriffe nicht unbedingt zum Wortschatz der Zuhörer gehören. Das Gleiche gilt für Begriffe, die nur intern verwendet werden.

Tipp Halten Sie sich auch mit Abkürzungen zurück. Wer mit den internationalen Rechnungslegungsvorschriften zu tun hat und dafür wie selbstverständlich die Abkürzung IFRS verwendet, stößt bei seinen Zuhörern eventuell auf Unverständnis.

13. Vermeiden Sie Anglizismen

Innerhalb eines Unternehmens mag es durchaus gebräuchlich sein, dem Kollegen zu sagen, dass der Kunde schon gefeedbackt und seinen Claim abgesteckt hat, was eine Challenge für das Team ist. Außerhalb des Unternehmens wirkt eine solche Sprache nur affig.

14. Eine Wortgruppe hervorheben: die Anapher

Es stanken die Flüsse, es stanken die Plätze, es stanken die Kirchen es stank unter den Brücken und in den Palästen.

Patrick Süskind, Das Parfum

Bei der Anapher wird immer die gleiche Wortgruppe an verschiedenen Stellen einer Rede eingebaut. Mit diesem Stilmittel betonen Sie eine Aussage oder heben einen Aussageschwerpunkt hervor.
Die Anapher hilft auf zwei Arten, einen Vortrag exzellent zu gestalten: Sie hilft einerseits, langatmige Aufzählungen zu struktu-

rieren. Die Anapher hilft aber auch, einen Bogen über drei, vier oder gar fünf Punkte einer Botschaft zu spannen. Bestes Beispiel dafür ist die berühmte Rede von Martin Luther King, die er 1963 vor dem Capitol in Washington hielt. Seine Anapher heißt „I have a dream". Diesen Satzanfang wiederholt er in den einzelnen Abschnitten seiner Rede immer und immer wieder. Schauen Sie sich die Aufzeichnung der Rede auf www.youtube.com an. Die Rede geht auch nach über 40 Jahren noch unter die Haut.

Martin Luther King

Mit einer durchdachten Anapher können Sie – unabhängig vom Inhalt der Rede – die Dynamik und Wirkkraft Ihrer Rede deutlich erhöhen. Die Wiederholungen steigern die Aufmerksamkeit. Denn unser Gehirn hat nach bereits zwei Wiederholungen das Muster erkannt und sucht nach weiteren Entsprechungen: „Wir definieren Ziele und stellen die Leiter an die richtige Wand. Wir definieren Wege und haben den Kompass dabei. Wir definieren das Wesentliche und legen die Lupe bereit."

Tipp

Die Wortgruppe einer Anapher muss nicht unbedingt aus stets identischen Wörtern bestehen. Wichtig ist nur, dass Ihre Zuhörer das Muster erkennen: „Mit allem Unternehmungsgeist werden wir die Prozesskosten unter der Millionengrenze halten. Mit aller Schaffensfreude werden wir den Terminplan einhalten. Mit allem Wetteifer werden wir die Konkurrenz in die Schranken weisen."

15. Verwenden Sie Verben, die Dynamik und Energie ausdrücken

Bringen Sie Bewegung in Ihre Präsentation: Lassen Sie es laufen, knallen, drehen, wenden, fließen, strömen, sprudeln, rauschen. Erzählen Sie von den elementarsten Dingen des Lebens: irren, glauben, kämpfen, siegen, rächen, fliehen, suchen, warten, retten, vergessen, täuschen, strafen, lieben.

Das Gegenteil sind kraftlose Substantivierungen wie „Steigerung", „Erhöhung" und „Optimierung". Substantive, die auf -ung enden, sind in der Regel von Verben abgeleitet. „Die Steigerung unserer Absatzzahlen beträgt 20 Prozent" klingt steifer und distanzierter als „Wir haben die Absatzzahlen um 20 Prozent gesteigert". Finden sich solche hölzernen Substantivierungen in Ihrer Präsentation? Dann ersetzen Sie diese einfach durch die geschmeidigeren Verben.

16. Vermeiden Sie Weichspüler

„Ganz wichtig wäre mir noch zu sagen ..." „Das müsste ich erst intern klären ..." „Sollten Sie noch Fragen haben, stehe ich gern für Antworten zur Verfügung."
Reduzieren oder, noch besser, vermeiden Sie sprachliche Weichspüler wie Konjunktive und Modalverben. Sagen Sie Ihren Zuhörern nicht, was sein könnte, sollte oder müsste. Sagen Sie einfach, was ist: „Ihre Entscheidung bedeutet ..." „Wichtig ist mir noch ..." „Ich werde das intern klären und Ihnen Bescheid geben."
Und stehen Sie bitte nicht für Fragen oder Sonstiges zur Verfügung. Diese altbackene Formulierung gehört ein für alle Mal aus Ihrem aktiven Wortschatz verbannt. Treten Sie offensiv auf: „Weitere Fragen beantworte ich gern."
Wenn Sie Ihre Rede nicht selbst sabotieren wollen, verzichten Sie auf Einschränkungen wie „Ich glaube ...", „Ich denke ...". Auch Begriffe wie „eigentlich", „relativ", „im Prinzip" und „ziemlich" sind nicht dazu geeignet, den eigenen Standpunkt zu untermauern. Lassen Sie alles weg, was Ihre Aussagen verwässert.

17. Ich würde „würde" am liebsten nie wieder sagen

Der beliebteste Weichmacher ist das Wörtchen „würde", weshalb es in der Auflistung der 21 Maßnahmen für sprachliche Zugkraft und Dynamik einen Extrapunkt bekommt. „Ich würde sagen ..." und „Ich würde vorschlagen ..." sind zwei Floskeln, die sich hartnäckig halten. Frauen wissen mittlerweile, dass „würde" aus dem aktiven Wortschatz gestrichen gehört. Trotzdem schleicht sich das Wort noch viel zu oft in die Rede ein. Achten Sie gleich morgen ganz bewusst darauf, wie oft Sie einen Satz mit „Ich würde …“ beginnen.

18. Verwenden Sie die Ja-Kette

Wer Zustimmung bei kritisch eingestellten Zuhörern erreichen möchte, baut in die Argumentation mindestens drei Ansichten ein, die von den Zuhörern geteilt werden. Beobachten Sie Ihr Publikum. Viele nicken unbewusst zu Argumenten, mit denen sie sich einverstanden erklären. Für Sie ist das Nicken das Zeichen, dass die Zuhörer auf Ihrer Seite sind. Kommen Sie nun mit dem, für das Sie die Zustimmung brauchen.
Die Ja-Kette beruht auf dem Phänomen, dass die meisten Menschen bei ihrer einmal gefassten Zu- oder Abneigung bleiben. Wer ein paar Mal einem Sachverhalt zugestimmt hat, dem fällt es später schwer, seine Meinung zu revidieren.

z.B. Sie präsentieren vor ambulanten Altenpflegern einen kleinen tragbaren Computer, einen sogenannten PDA, in den die Pfleger ihre Arbeitszeiten eingeben sollen. Bislang haben sie dafür ausgedruckte Listen verwendet. Die Verwendung des PDA wird kritisch gesehen. Als Präsentatorin wissen Sie, dass es überhaupt nichts bringt, die Vorteile des Minicomputers aufzuzeigen. Sie räumen die Skepsis mit der Ja-Kette aus:
Erstes Ja: „Wahrscheinlich fällt es Ihnen allen leicht, sich folgende Situation vorzustellen: Sie haben schon Feierabend, müssen aber noch Ihre Arbeitszeiten in die Tabellen eintragen. Entweder fahren Sie noch mal ins Büro oder verschieben den Eintrag auf den nächsten Tag.“
Zweites Ja: „Wir alle beklagen uns immer wieder, dass uns niemand an vergessene Einträge erinnert. Die Folge: Am Ende des Monats stimmt die Abrechnung unseres Zeitkontos nicht. Ärgerlich.“

Drittes Ja: „Manchmal sind wir gleich morgens bei einem Kunden. Dann kommen wir irgendwann im Laufe des Tages ins Büro oder womöglich auch gar nicht. Im Kopf schwirrt uns aber ständig der Eintrag ins Zeitkontobuch herum."

19. Denken Sie an Sprechpausen

Eine Redeweise mit gezielt gesetzten Sprechpausen strahlt Ruhe, Gelassenheit und Souveränität aus. Pausen haben für beide Seiten Vorteile: Die Zuhörer können die gehörten Informationen verarbeiten, sich kurz erholen und auf den nächsten Gedanken vorbereiten. Als Sprecherin bereiten Sie den nächsten Gedanken vor, atmen in Ruhe ein und aus, nehmen Blickkontakt mit den Zuhörern auf und schätzen die Stimmung ein.
Mehr zum Thema Sprechpausen lesen Sie im Kapitel „Sprechen Sie sicher".

20. Geben Sie nonverbale Signale

Zeigen Sie Ihren Zuhörern, dass Sie sie im Blick haben. Hebt jemand den Arm, weil er etwas sagen möchte, nicken Sie ihm zu als Zeichen, dass Sie seine Meldung gesehen haben. Kommen Sie auf ihn im nächstmöglichen Moment zurück. Fangen einige an zu gähnen, sorgen Sie für Frischluft oder fahren mit einem weiteren Höhepunkt Ihrer Präsentation fort.

21. Sprechen Sie im Präsens

Verwenden Sie das Präsens, wenn Sie eine Geschichte oder Anekdote erzählen. Das Präsens wirkt viel unmittelbarer und erzeugt mehr Spannung als das Präteritum. Vergleichen Sie die Wirkung der folgenden Geschichte im Präteritum und Präsens:

z.B.

Ein Spaziergänger ging durch einen Wald und begegnete einem Waldarbeiter, der hastig und mühselig damit beschäftigt war, einen Baum zu fällen.
Der Spaziergänger trat näher heran, um zu sehen, warum der Holzfäller sich so abmühte. Kurze Zeit später sagte er: „Entschuldigen Sie, aber mir ist da etwas aufgefallen: Ihre Säge ist ja total stumpf! Wollen Sie sie nicht schärfen?“
Der Waldarbeiter antwortete erschöpft: „Dafür habe ich keine Zeit – ich muss sägen!“
Die Geschichte im Präsens:
Ein Spaziergänger geht durch einen Wald und begegnet einem Waldarbeiter, der hastig und mühselig damit beschäftigt ist, einen Baum zu fällen.
Der Spaziergänger tritt näher heran, um zu sehen, warum der Holzfäller sich so abmüht. Kurze Zeit später sagt er: „Entschuldigen Sie, aber mir ist da etwas aufgefallen: Ihre Säge ist ja total stumpf! Wollen Sie sie nicht schärfen?“
Der Waldarbeiter antwortet erschöpft: „Dafür habe ich keine Zeit – ich muss sägen!“
Nach Stephen R. Covey: *Die sieben Wege zur Effektivität*

Fünf Sätze, auf die Sie besser verzichten …

1. „Ich freue mich, dass Sie so zahlreich erschienen sind.“ Mal abgesehen davon, dass jeder nur einmal erscheinen kann, ist der Satz nur eine zopfige Floskel. Wenn Sie Freude mitteilen wollen, gehen Sie von sich aus: „Ich freue mich, hier zu sein.“
2. „Eigentlich wollte ich Ihnen etwas über die Produktentwicklung erzählen, aber …“ Sagen Sie, was Sie präsentieren, und nicht, was Sie weglassen.
3. „Leider kann ich Ihnen heute keine Bilder des neuen Produkts zeigen, weil …“ Nur Sie wissen, was Sie vorbereitet haben.

Lassen Sie alles weg, was in einen Vorwurf münden könnte, Sie seien schlecht vorbereitet.

4. „Ich werde Ihnen jetzt die Ergebnisse unserer Marktforschung vorstellen." Der Satz ist überflüssig. Sagen Sie nicht, was Sie tun werden. Tun Sie es.
5. „Zu diesem Punkt muss ich ein wenig weiter ausholen. Ich meine, es ist wichtig, Sie auch über die Hintergründe zu informieren." Bitte keine Rechtfertigungen. Sie haben vielleicht schon beim Lesen bemerkt, wie devot die Sätze klingen. Reden Sie ohne Umschweife: „Die Hintergründe sind ..."

Checkliste Sprachstil

Nehmen Sie Ihre Präsentation kritisch unter die Lupe:

Ich spreche meinen Zuhörerkreis direkt an.

❑ Ja ❑ Manchmal ❑ Ich arbeite dran

Ich verstecke mich hinter der man-Anrede.

❑ Ja ❑ Manchmal ❑ Nein

Ich positioniere mich mit klaren Ich-Aussagen.

❑ Ja ❑ Manchmal ❑ Ich arbeite dran

Ich spreche konkret und anschaulich.

❑ Ja ❑ Manchmal ❑ Ich arbeite dran

Ich weiß rhetorische Fragen richtig einzusetzen.

❑ Ja ❑ Manchmal ❑ Ich arbeite dran

Ich verwende kurze Sätze.

❑ Ja ❑ Manchmal ❑ Ich arbeite dran

Ich weiß, wann ich auf Fachsprache zu verzichten habe.

❑ Ja ❑ Manchmal ❑ Ich arbeite dran

Ich verwende kraftvolle Verben.

❑ Ja ❑ Manchmal ❑ Ich arbeite dran

Auf Weichspüler verzichte ich.

❑ Ja ❑ Ich arbeite dran

Ich spreche wirkungsvoll. Meine Zuhörer hören mir gern zu.

❑ Ja ❑ Ich arbeite dran

6 Ihr Auftritt

Man kann die Wahrheit sagen oder sich etwas
aus den Fingern saugen,
aber man muss bei den Leuten ankommen.
Mark Twain: *Wilson der Spinner*

Vielleicht kennen Sie das Strandspiel, bei dem Spieler 1 einen Ball wirft und Spieler 2 diesen Ball mit einer Scheibe versucht zu fangen. Der gefangene Ball bleibt an der Scheibe haften. Welche Bälle Ihrer Präsentation sollen beim Zuhörer haften, welche Inhalte in Erinnerung bleiben? Damit Sie Ihr Publikum überhaupt erreichen, sprechen Sie bitte so wirkungsvoll wie möglich. Wirkungsvoll bedeutet anschaulich, verständlich und konkret. Ein solcher Sprachstil ist das Elexier für die 80 Prozent unterhalb der Wasseroberfläche.
Mit diesem Motto überzeugen Sie auf allen Bühnen. Nervös?
Dann lesen Sie die folgenden Abschnitte.

Lampenfieber

„Hätte ich dieses schreckliche Lampenfieber nicht, würde ich wahrscheinlich jedes Wochenende auftreten. Aber mein Herz rast, wenn ich die Bühne betrete, mir wird heiß und ich fühle mich mit einem Mal einfach nur unwohl. Die Angst verschlingt mich. Ich kann nicht einmal auf meiner eigenen Geburtstagsparty aufstehen, um ein paar Worte zu den Gästen sprechen. (...) Deswegen bekämpfe ich das Lampenfieber. Ich versuche, mich jetzt auf dieses wunderbare Gefühl zu konzentrieren, das mir ein liebevolles Publikum vermittelt."

Barbara Streisand in einem Interview mit der Online-Zeitung Krone.at im Mai 2007.
Nervosität und Redeangst sind Begriffe, die wir mit Lampenfieber verbinden. Unter Lampenfieber leidet jeder von uns mehr oder weniger stark. Die Vorstellung, dass uns Leute beobachten und anschließend womöglich bewerten, löst sofortige Aufgeregtheit und Beklemmung aus. Das Herz beginnt zu schlagen, der Atem wird flacher und schneller, man beginnt zu schwitzen, die Hände zittern und alles ist nur noch peinlich. Und dann sind da auch noch die Blicke der Zuhörer. Täte sich doch bloß der Erdboden auf! Bei Lampenfieber macht es kaum einen Unterschied, ob man vor großem Publikum oder bei einer Familienfeier vor 20 Leuten steht.

Positiver Stress

Durch Ihre Befürchtung, sich in eine gefährliche Situation zu begeben, werden Stresshormone wie das bekannte Adrenalin ausgeschüttet. Dieses seit der Urzeit des Menschen existierende Programm im Gehirn soll uns in unvorbereiteten Situationen vor Gefahren schützen. Im Bruchteil einer Sekunde setzt der Körper Energie frei, die Muskelanspannung erhöht sich, der Puls schnellt nach oben. Blitzschnell entscheidet das Gehirn zwischen den Überlebensstrategien Flucht, Kampf oder Totstellen.

Mögliche Lücken in der Vorbereitung

Tipp

Angst vor einer Präsentation kann auch ein Warnsystem sein, das auf mögliche Lücken in der Vorbereitung aufmerksam machen will. Fragen Sie sich:

- ❑ Bin ich wirklich gut vorbereitet?
- ❑ Wie kann ich mich besser vorbereiten?
- ❑ Was brauche ich noch?
- ❑ Wie lauten mögliche Einwände?
- ❑ Wie kann ich darauf reagieren?

Lampenfieber ist allerdings auch Art eine Energieriegel. Mit einem positiven Adrenalinstoß wirken Sie konzentrierter, wachsamer und motivierter, als wenn Sie wie ein Buddha in sich ruhen.

Energieriegel

Im Übrigen bemerkt das Publikum das Lampenfieber des Redners häufig gar nicht. Die Wahrnehmung über Aufregung und innere Unruhe gehen zwischen Publikum und Vortragendem weit auseinander. Vielleicht haben Sie selbst schon mal das Feedback erhalten, sehr ruhig gewirkt zu haben, obwohl Sie glaubten, der ganze Saal höre Ihr Herz pochen.

Atmen und entspannen

Eines der wirksamsten Mittel gegen Lampenfieber ist eine exzellente Vorbereitung. Je vertrauter Sie mit dem Inhalt sind, desto sicherer fühlen Sie sich. Dennoch klopft das Herz und die Knie zittern? Mit Atemtechniken und Muskelentspannungsübungen fördern Sie Ihre innere Sicherheit.

Bauchatmung statt Magenkrämpfe

Wenn Sie nervös sind, wird Ihr Atem flacher und schneller. Diesen Atem durchbrechen Sie mit der Bauchatmung, bei der Ihr Puls ruhiger wird, Sie mehr Sauerstoff bekommen und schneller in der Lage sind, wieder klar zu denken.

Atmen Sie sich ruhig

1. Atmen Sie tief in den Bauch ein und lassen Sie beim Ausatmen bewusst die Schultern fallen. Entspannen Sie Kiefermuskulatur und Gesicht.
2. Nehmen Sie einen tiefen Atemzug und zählen Sie dabei langsam bis 4. Danach kurz innehalten.
3. Atmen Sie lange und langsam aus. Zählen Sie dabei bis 7. Danach wieder kurz innehalten.

Wiederholen Sie die Punkte 2 und 3 so lange, bis Ihre Atmung in die Bauchatmung umgeschaltet hat. Nach einiger Übung geht das ganz von allein.

Muskeln entspannen

Ist Ihr ganzer Körper vor Lampenfieber angespannt? Dann steigern Sie kurz die Spannung – und lassen Sie dann los! Ballen Sie Ihre Hände zu Fäusten. Beißen Sie die Zähne aufeinander. Ziehen Sie die Schultern hoch. Halten Sie die Spannung für ungefähr sieben Sekunden. Lassen Sie dann alles los, während Sie tief ausatmen.

Tipps für den Umgang mit Lampenfieber

Sprechen Sie sich Mut zu. Sie haben allen Grund dafür: gute Vorbereitung, überzeugende Argumente, wirkungsvolle Präsentationsweise.

Kurzfristige Änderungen erhöhen die Angst, von der Struktur abzukommen. Nehmen Sie deshalb kurz vor der Präsentation keine Änderungen mehr vor.

Üben, üben, üben …

Üben Sie Ihre Präsentation – am besten mit Videofeedback. In der Videoaufnahme werden Sie sehen, dass Ihre Nervosität längst nicht so deutlich zutage tritt, wie Sie befürchten.

Üben Sie den Einstieg: Sicher vors Publikum treten, Hände in Bauchhöhe, Beine hüftbreit auseinander. Blickkontakt zum Publikum aufnehmen. Starten.

Wenn Ihre Knie zittern, schütteln Sie kurz vor dem Auftritt die Beine aus.

Gerade zu Beginn ist die Aufregung am größten. Lernen Sie deshalb Ihre Einstiegssätze auswendig. Wer befürchtet, in diesem Moment von einem Blackout heimgesucht zu werden, schreibt die Sätze auf eine Stichwortkarte. Meistens reicht ein kurzer Blick auf die Karte, um die Sätze wieder parat zu haben.

Seien Sie rechtzeitig vor Beginn der Präsentation da und versuchen Sie bereits vor dem Vortrag, mit Ihren Zuhörern in Kontakt zu kommen und ein bisschen Smalltalk zu machen. Mit ersten lockeren Gesprächen bauen Sie eine Beziehung zu Ihrem Publikum auf. Sie gewinnen Vertrauen, schaffen Sympathie und für Ihre Präsentation eine positive, wohlwollende Atmosphäre.

Vertrauen gewinnen

Nehmen Sie gerade zu Beginn Blickkontakt zu Personen auf, die Ihnen positive Signale senden. Denn sobald Sie ein aufmunterndes Nicken oder ein freundliches Lächeln verspüren, tauen Sie auf und werden sicherer.

Und im Übrigen: Die meisten haben Lampenfieber. Warum sollten Sie keins haben?

> Sie wissen mehr als das Publikum – und Ihre Zuhörer sind gespannt auf dieses Wissen. Zugegeben, nicht immer sind die Zuhörer erpicht darauf, an einer Präsentation teilzunehmen. Dennoch kommt niemand als Voyeur, der sich daran ergötzt, wie Sie gegen Ihre Nervosität ankämpfen.

Der Lampenfieber-Countdown

- *Zwei Stunden vor der Präsentation:* Verlassen Sie Ihren Arbeitsplatz und drehen Sie eine Runde durch die Gemeinde. Das bringt Sie auf andere Gedanken. Wenn die Präsentation nicht in Ihrem Unternehmen stattfindet, planen Sie genügend Zeit ein. Seien Sie so rechtzeitig am Veranstaltungsort, dass Sie noch kurz Sauerstoff tanken können.
- *30 Minuten vor der Präsentation:* Denken Sie an eine Situation zurück, in der Sie sehr gut waren. Rufen Sie sich diese Situation in allen Einzelheiten in Erinnerung: Was haben Sie gesehen, gehört, gefühlt? Was hat das positive Gefühl ausgelöst? Welches waren Ihre Erfolgsmomente?

- *Während Sie vorgestellt werden und auf Ihren Auftritt warten:* Hören Sie aufmerksam zu. So bekommen Sie ein gutes Gefühl für die Situation.
- *Während Ihres Auftritts:* Schauen Sie in die Runde und suchen Sie sich drei freundliche Gesichter aus, zu denen Sie abwechselnd sprechen. Eins links, eins in der Mitte, eins rechts. Diese Verteilung garantiert, dass Sie nicht nur in eine Richtung blicken und einen freundlich gesinnten Teilnehmer fixieren. Beginnen Sie mit Ihrem ersten Satz, den Sie auswendig gelernt haben. Dann den zweiten. Dann den dritten. Jetzt haben Sie sich frei gesprochen.

Der innere Film gegen negative Gedanken

Wer mit einer Präsentation sehr viel Negatives verbindet, dem schwirren regelrechte Schreckensbilder durch den Kopf. Eine szenische Abfolge vom Kaliber „Es geht sowieso alles schief" erweist sich meistens als ziemlich hartnäckig, weil man sie schon dutzendfach abgespult hat. Die negativen Assoziationen werden zu Überzeugungen:

- „Ich schaffe das sowieso nicht."
- „Ich kann einfach nicht frei vor Leuten sprechen."
- „Ich bin viel zu schüchtern, als dass ich meinen Standpunkt vertreten könnte."

Ermutigungsfilm

Negative Selbstbilder sind äußerst zäh und selbst gegen positive Erfahrungen resistent. Bringen Sie die Bilder zum Stoppen, indem Sie bewusst Ihren eigenen Ermutigungsfilm drehen. Stellen Sie sich vor, wie eine Präsentation für Sie optimal abläuft und wie Sie Ihre Zuhörer in den Bann ziehen und für Ihr Anliegen gewinnen.

To do

Stellen Sie sich die Details vor:
Sie treten lächelnd vor das Publikum. Da Sie Ihre ersten Sätze auswendig gelernt haben, gehen sie Ihnen ruhig über die Lippen. Ihr Rücken lehnt an einer imaginären Wand, was Ihnen mehr Standfestigkeit gibt. Sie reden mit sicherer Stimme. Das Publikum hört Ihnen aufmerksam zu. Sie schauen in wohlwollende Gesichter.
...

Rufen Sie diesen Film regelmäßig ab. Stellen Sie sich die einzelnen Szenen genüsslich vor. Ihr eigener Ermutigungsfilm drängt den Katastrophenfilm zwar nicht in den Schredder. Doch rückt er immer weiter ins Archiv und lähmt und quält Sie bedeutend weniger.

To do

Mein Ermutigungsfilm:

____

____

Nichts geht mehr: Blackout

Wer hat meinen roten Faden gesehen?

Redner fürchten sich vor gewissen Situationen – Zuhörer auch. Zuhörer haben ein Grauen vor Präsentatoren, die in ihrer Rede keinen roten Faden erkennen lassen. Des Redners größte Sorge ist, dass der Faden reißt, dass er nicht mehr weiß, wo er gerade steht und wohin er überhaupt möchte. Keinen roten Faden zu haben ist unprofessionell. Den Faden zu verlieren ist menschlich. Das kann passieren. Gehen Sie selbstbewusst mit der Situation um und bitten Sie Ihre Zuhörer um ein Stichwort, mit dem sich der Riss kitten lässt: „Eben hatte ich ihn noch, meinen Faden. Jetzt ist er weg. Weiß jemand, wo er hin ist?“ Oder: „Schön wäre an dieser Stelle, wenn ich wüsste, wo mein Faden geblieben ist. Weiß es jemand von Ihnen?“

Der erste Eindruck

Die Schublade ist kein Panzerschrank

Binnen weniger Sekunden taxieren wir einen Menschen und schätzen ihn als sympathisch/unsympathisch, kompetent/inkompetent, interessant/langweilig, freundlich/unfreundlich ein und stecken ihn aufgrund seines Auftretens und seines Aussehens in eine Schublade. Wir bewerten, vergleichen, vermuten, be- und verurteilen. Doch ist diese Schublade etwa ein Panzerschrank, aus dem es kein Entrinnen mehr gibt? Bekommt man für den ersten Eindruck keine zweite Chance? Ganz so hart ist das Verfahren nicht. Das Urteil über einen bis dato Fremden ist glücklicherweise nicht innerhalb weniger Sekunden felsenfest zementiert. Sie haben selbst vielleicht schon mal ein Urteil revidiert, indem Sie eine zunächst für unsympathisch befundene Person zu schätzen gelernt oder eine auf den ersten Blick sympathische Person am Ende der Veranstaltung als Langeweiler abgestempelt haben.

Aussehen, Kleidung Körperhaltung machen den ersten Eindruck aus. Unsere Stimme und die Art, wie wir reden, kommen meistens erst ein wenig später dazu. Wer durch seine Kleidung Souveränität und Selbstbewusstsein vermittelt, sich jedoch ständig verhaspelt, der irritiert. Ebenso irritierend ist es, wenn selbstbewusst wirkende Personen extrem geschraubt reden. Dann schlägt das eben noch positive Urteil um in „arrogantes Auftreten“.

Irritationen

In den ersten Momenten achten wir weniger auf die Inhalte, welche die uns noch unbekannte Person von sich gibt. Wir sind sehr viel stärker auf ihr Verhalten konzentriert. Ist die Person locker oder verkrampft? Tolerant oder rechthaberisch? Offen oder hält sie sich bedeckt?

Tipp

Die Redewendung „Der erste Eindruck ist entscheidend" sollte man nicht allzu wörtlich nehmen. Allerdings verzerrt der erste Eindruck häufig die Wahrnehmung für das weitere Kennenlernen. Beschäftigen wir uns näher mit einer Person, suchen wir nach Informationen, die unser gerade gezimmertes Weltbild bestätigen. Wenn wir einen Redner für kompetent halten, weil er uns mit einer bemerkenswerten Begrüßung überrascht hat, verzeihen wir ihm eher ein argumentatives Tief. Ein unvorbereitet wirkender Redner muss aber schon seine Doktorarbeit vorlegen, bevor wir uns von unserem ersten Eindruck abbringen lassen. Es lohnt sich also, einen guten ersten Eindruck zu hinterlassen – aber das haben wir ja schon immer gewusst.

Kleidung

Bitte kein Mausgrau!

Der Rock nicht zu kurz, das Dekolletée nicht zu tief, kein Rosa und keine transparenten Blusen. Diese Aufzählung ist der bekannte Katalog an Kleidungsstücken und Farben, die es für Sie als Präsentatorin zu vermeiden gilt. Ich füge gern hinzu: Bitte keine mausgrauen Kostüme mit allzu flachen und breiten Tretern. Verstecken Sie sich nicht hinter zu viel Unscheinbarkeit.

STOP

Mehrere Armreifen übereinander verursachen Geräusche, sobald Sie den Arm bewegen. Das lenkt ab von dem, was Sie zu sagen haben. Das Gleiche gilt für Ketten. Achten Sie bei Ihrer Schmuckwahl darauf, dass die guten Stücke nicht klimpern.

Angela Merkels Blazer

Wie kleiden sich die Frauen, die im öffentlichen Leben stehen und mehr als nur sich selbst repräsentieren? Angela Merkel trägt selbstbewusst grüne, rote oder gar hellblaue Blazer und hebt sich damit bei Gruppenbildern mit den in Grau, Dunkelblau und Schwarz gekleideten Männern erkennbar ab. Auf Fotos mit Staatsmännern anderer Nationen oder den eigenen Kabinettsmitgliedern fällt der Blick dank ihrer Blazerfarbe zuerst auf sie. Wenn sie dann doch mal ein dunkles Jackett trägt, stechen die Knöpfe aufgrund ihrer Größe und/oder Farbe markant hervor. Ob das immer schick ist, sei dahingestellt. Auf jeden Fall durchkreuzt sie das uniforme Auftreten ihrer männlichen Kollegen. Da sie fast ausschließlich Hosenanzüge trägt, würde sie mit gedeckten Farben zudem viel maskuliner wirken. Mit den bunten, frischen Farben betont sie ihre Weiblichkeit und markiert ihren eigenen Stil.

Condoleezza Rice' Kostüme

Einen ganz anderen Stil verkörpert die amerikanische Außenministerin Condoleezza Rice. Stets elegant in Designerkostümen und Pumps gekleidet, gibt sie die Frau von Welt. Condoleezza Rice setzt weniger auf Buntheit, um ihre Weiblichkeit zu unterstreichen. Sie wählt figurbetonte Kostüme in gedeckten Farben. Merkel und Rice geben sich auf unterschiedliche Weise weiblich.

Beide Frauen verzichten darauf, ihr Äußeres betont anzupassen. Vielmehr verstehen sie es, sich im nach wie vor männerdominierten Politikgeschäft in einem eigenen Kleidungsstil zu präsentieren. Natürlich stehen die beiden Damen aufgrund ihrer Macht und Funktion sowieso stets im Mittelpunkt. Doch tun sie einiges dafür, um dies ebenso auf den Bildern, die um die Welt gehen, zu sein. Auch das unterstreicht Macht, Präsenz, Einfluss.

Viele Frauen in Management- oder Führungspositionen sagen, dass ein eher unauffälliger Kleidungsstil der Karriere mehr nutzt als ein auffälliger. Bei erfolgreichen Frauen schadet ihrer Meinung nach ein extravaganter Stil nicht, er nutzt ihnen aber auch nichts. Diese etwas fatalistisch klingende Beobachtung lässt sich für Situationen, in denen Sie präsentieren, ins Positive wenden. Wenn Sie präsentieren, gehört die Bühne Ihnen. Sie dominieren nicht nur das Geschehen und steuern den Ablauf. Sie beeinflussen durch Ihre Kleidung und Ihr Auftreten, wie man Sie wahrnimmt. Wenn also ein auffälliger Stil nicht schadet, dann nutzt er Ihnen für Ihre Bühnenpräsenz. Heben Sie sich ab vom uniformen Kleidungsstil der Männer und gönnen Sie sich optisch freche Details. Mit einem farbigen Blazer zum Beispiel erkennt man Sie auch nach der Präsentation im Gewühl des anschließenden Kaffeetrinkens. Denn das Präsentsein hört ja nicht mit der Präsentation auf. Danach sucht man das Gespräch mit Ihnen, vielleicht um sich in Ihrer Gegenwart zu sonnen, um ein interessantes Gespräch mit Ihnen zu führen oder Ihnen auf den Zahn zu fühlen.

> In Präsentationen, die für Sie ein Heimspiel sind, da Ihnen zu dem Thema so schnell niemand das Wasser reichen kann, befinden Sie sich in einer gewissen Komfortzone. Diese Zone macht es sehr viel einfacher, in der Kleidungsfrage ungewöhnliche Akzente zu setzen. Blicken Sie der Präsentation eher nervös entgegen, ist es ratsamer, Sie entscheiden sich für Kleidungsstücke, in denen Sie sich rundum wohlfühlen. Die Kleidung kann in solchen Situationen so etwas wie ein Schutzschild sein. Freilich gibt es auch Frauen, die gerade bei schwierigen Präsentationen selbstbewusst sagen: „Jetzt erst recht! Ich kleide mich bewusst auffällig und zeige mich offensiv."

Männeroptik – Frauenoptik

In der Mann-zu-Mann-Kommunikation blenden Männer die Optik des jeweils anderen aus. Das Aussehen ihres Gegenübers liegt nicht im Fokus ihrer Wahrnehmung. Mit Nadelstreifenanzügen und maßgeschneiderten Hemden mit Manschettenknöpfen wollen Männer weniger ihr Aussehen unterstreichen als vielmehr ihre Macht und ihren beruflichen Erfolg. In der Mann-zu-Frau-Kommunikation nehmen Männer das Aussehen der Frau dagegen bewusst wahr. Einige scheuen sich auch nicht, der Frau zunächst in die Augen und dann unverblümt auf den Busen zu schauen. Das äußere Erscheinungsbild der Frau wird abgecheckt: attraktiv, sexy, teuer, extravagant, gewöhnlich, unauffällig, wohlgeformt.

Nutzen Sie dieses Taxieren und geben Sie dem männlichen Blick Futter: Leisten Sie sich elegante Businesskleidung. Edles Outfit schüchtert Ihr Gegenüber ein. Zeigen Sie sich wohl toupiert und lackiert, also ruhig ein bisschen sexy, und setzen Sie dabei Ihr Haifischlächeln auf. Nötigen Sie den Männern Respekt ab, indem Sie signalisieren: „Ich bin beruflich erfolgreich, durchsetzungsstark und erstklassig auf die Präsentation vorbereitet."

Sich selbst darstellen

Selbstbild – Fremdbild

Wie wirken Sie auf andere? Wie werden Sie von Ihren Zuhörern wahrgenommen? Nicht immer sind die Ergebnisse dieser beiden Fragen deckungsgleich. Das Bild, das Ihre Zuhörer von Ihnen haben, stimmt eventuell nicht mit dem Bild überein, das Sie gern vermitteln würden. Selbstbild und Fremdbild weichen oft erheblich voneinander ab. Fehleinschätzungen und unerwartete Reaktionen sind die Folge. So haben Sie eventuell den Eindruck, Blickkontakt zu Ihren Zuhörern zu halten. Tatsächlich aber schauen Sie bevorzugt an die Decke oder aus dem Fenster. Oder Sie sind der Meinung, ruhig und selbstsicher dazustehen. Dabei wirken Sie eher verkrampft und steif, da Sie die Schultern hochziehen und die Füße eng zusammenstellen.

Blinde Flecken

Am meisten weichen Selbst- und Fremdbild bei Meisen und Marotten voneinander ab. Meisen und Marotten sind zum Beispiel Füllwörter, das Spielen mit Schmuck oder eine halbschräge Körperhaltung mit Fluchttendenz Richtung Tür. Diese Angewohnheiten gehören zu unseren blinden Flecken. Blind insofern, als dass uns bestimmte Verhaltensweisen und Angewohnheiten gar nicht bewusst sind. Die Zuhörer nehmen unsere Eigenarten sehr wohl zur Kenntnis und registrieren das andauernde Spielen mit dem Ring oder den ständigen Einsatz von „Ähms" als liebenswerte bis nervige Marotte.

Um Feedback bitten

Wer das Glück hat, eine vertraute Person unter den Zuhörern zu haben, sollte diese Person um ein Feedback bitten. Die Rückmel-

dung hilft Ihnen, gezielter an Ihrer Selbstdarstellung und Wirkungsweise zu arbeiten.
Bitten Sie nur Personen, denen Sie hundertprozentig vertrauen und die bereit sind, sich mit Ihnen auseinanderzusetzen. Sie haben gar nichts von Äußerungen wie „Das war schon ganz gut". Was genau war gut? Was hätte besser sein können? Welche Meisen und Marotten haben Sie?

Feedback annehmen

Die Rückmeldung macht nur Sinn, wenn Sie und Ihr Feedbackgeber dieselbe Präsentation auswerten. Damit nicht das Wunschdenken die Antworten steuert, füllen auch Sie den Fragebogen am besten erst nach der Präsentation aus. Bei der gemeinsamen Auswertung mögen Ihnen Rechtfertigungen auf der Zunge liegen wie: „Das war jetzt eine Ausnahme. Sonst präsentiere ich ganz anders." Seien Sie tapfer und unterdrücken Sie alle Entschuldigungen. Sie verprellen damit nur Ihren Feedbackgeber.

To do

Meine Einschätzung
Das war gut:

____

____

____

Besser lassen:

____

____

____

Das nächste Mal dran denken:

____

____

____

Ich trete selbstbewusst auf.

❑ Ja ❑ Es geht so ❑ Nein

Ich wirke selbstsicher.

❑ Ja ❑ Es geht so ❑ Nein

Ich wirke sympathisch.

❑ Ja ❑ Es geht so ❑ Nein

Ich wirke locker.

❑ Ja ❑ Es geht so ❑ Nein

Ich wirke kompetent.

❑ Ja ❑ Es geht so ❑ Nein

Ich halte Blickkontakt – auch in schwierigen Situationen.

❑ Ja ❑ Es geht so ❑ Nein

Ich spreche angemessen laut und deutlich.

❑ Ja ❑ Es geht so ❑ Nein

Ich überzeuge mein Publikum.

❑ Ja ❑ Es geht so ❑ Nein

Ich komme gut in die Präsentation rein.

❑ Ja ❑ Es geht so ❑ Nein

Der Abschluss ist rund und wirkt nach.

❑ Ja ❑ Es geht so ❑ Nein

Was mir sonst noch aufgefallen ist:

___

___

___

Die Einschätzung des Feedbackgebers

Das war gut:

___

___

___

Besser lassen:

____

____

____

Das nächste Mal dran denken:

____

____

____

Du trittst selbstbewusst auf.
❑ Ja ❑ Es geht so ❑ Nein

Du wirkst selbstsicher.
❑ Ja ❑ Es geht so ❑ Nein

Du wirkst sympathisch.
❑ Ja ❑ Es geht so ❑ Nein

Du wirkst locker.
❑ Ja ❑ Es geht so ❑ Nein

Du wirkst kompetent.
❑ Ja ❑ Es geht so ❑ Nein

Du hältst Blickkontakt – auch in schwierigen Situationen.
❑ Ja ❑ Es geht so ❑ Nein

Du sprichst angemessen laut und deutlich.
❑ Ja ❑ Es geht so ❑ Nein

Du hast dein Publikum überzeugt.
❑ Ja ❑ Es geht so ❑ Nein

Du bist gut in die Präsentation reingekommen.
❑ Ja ❑ Es geht so ❑ Nein

Der Abschluss war rund und wirkt nach.
❑ Ja ❑ Es geht so ❑ Nein

Was mir sonst noch aufgefallen ist:

____

____

____

Meisen und Marotten:

____

____

____

Wie wollen Sie wirken?

Was heißt „authentisch“ sein?

Die in diesem Zusammenhang häufig gehörte Antwort, authentisch wirken zu wollen, ist richtig – allerdings nur solange Sie die daraus resultierenden Konsequenzen auf die Wirkung mit bedenken. Denn auch wenn Sie müde oder schlecht vorbereitet sind, sollten Sie nicht müde oder schlecht vorbereitet wirken. Und wenn ein Zuhörer zum wiederholten Male dazwischenfunkt, mag es sehr authentisch sein, Ärger zu zeigen und ihm zuzurufen: „Haben Sie zu Hause niemanden zum Reden?“ Authentisch sein bedeutet, echt, glaubwürdig und zuverlässig zu sein. In den Begriffen „echt“ und „glaubwürdig“ liegt die Tücke dieses Begriffs. Denn wer entscheidet, ob jemand „echt“ oder „glaubwürdig“ ist? Denken Sie an Josef Ackermann und seine Victory-Geste während des Mannesmann-Gerichtsprozesses. Sein Verhalten war aus seiner Perspektive authentisch – aus der Perspektive der Betrachter war es arrogant und selbstgefällig. Der Auftritt hatte für ihn eine verheerende Wirkung. Wahrscheinlich ist er sich dieser Wirkung erst bewusst geworden, als das Foto mit der Victory-Geste um die Welt ging.

Die Art der Selbstdarstellung kann die Akzeptanz und den Aufstieg beschleunigen. Sie kann aber auch für Ablehnung und negative Beurteilungen sorgen. Wer sich seiner Wirkung nicht bewusst ist, läuft Gefahr, unfreiwillig in den einen oder anderen Fettnapf zu treten.

Veränderungen reflektieren

Authentisch wirken zu wollen ist im Moment außerordentlich populär. Jeder möchte das. Es hört sich gut an. Und alle, denen man es sagt, nicken wissend. Doch was heißt das konkret für Ihr Auftreten? Meine Empfehlung: Streichen Sie dieses viel zu schwammige Wort aus Ihrer Selbstanalyse. Der Begriff „authentisch" verleitet dazu, die eigene Wirkungsweise völlig unspezifisch und floskelhaft zu beschreiben. Der Wunsch, authentisch zu sein, zementiert eher den Status quo, als dass Veränderungen bewusst in die Wege geleitet werden. Wenn Sie an Ihrer Wirkungsweise arbeiten wollen, brauchen Sie konkrete Vorstellungen. Reflektieren Sie Ihr eigenes Verhalten und entscheiden Sie, woran Sie in Ihren Präsentationen gezielt arbeiten wollen:

1. Selbstsicheres Auftreten

- ❑ Positive Ausstrahlung
- ❑ Sprache und Stimme gezielt einsetzen
- ❑ Sprechpausen für die Dramaturgie nutzen
- ❑ In Bogensätzen sprechen
- ❑ Angemessen laut sprechen
- ❑ Offene Körperhaltung
- ❑ Blickkontakt halten
- ❑ Souveräner Umgang mit Zwischenfragen und Einwänden

2. Inhalt und Struktur

- ❑ Eindeutige Gliederung
- ❑ Erkennbarer roter Faden
- ❑ Ermunternde Einstiegssätze
- ❑ Kernbotschaften herausstellen
- ❑ Anschaulich sprechen
- ❑ Kurze Sätze verwenden
- ❑ „Sie" statt „man": Zuhörer direkt ansprechen

- ❑ Unvergesslicher Abschluss

3. Einsatz von Medien

- ❑ Wenn schon PowerPoint, dann das Medium nur als Mittel zum Zweck sehen
- ❑ Zum Publikum, nicht zur Leinwand sprechen
- ❑ Flipchart verstärkt einsetzen
- ❑ Während der Präsentation Aussagen und Argumente live entwickeln

Meine Ergänzungen:

____

____

____

Schwerpunkte setzen

Nur wer hart gegen sich selbst ist, versucht, alle Aspekte zur gleichen Zeit zu optimieren. Machen Sie es sich nicht schwerer, als es ist. Setzen Sie Schwerpunkte. Falls Sie Feedback von einem Zuhörer bekommen haben, vergleichen Sie seine Rückmeldung mit Ihrer Einschätzung. Fangen Sie mit den Punkten an, die sowohl für Sie als auch für ihn noch nicht ganz stimmig waren.

Tipp

Sie wollen selbstsicherer wirken? Dann stellen Sie sich zunächst vor, Sie stehen erhobenen Hauptes auf der Bühne. Ein magischer Hut verhindert, dass Sie Kopf und Schultern hängen lassen. In dieser Haltung üben Sie Selbstaussagen zu Ihrem Beruf und Ihren Verantwortungsbereichen:

- ❑ Ich bin Produktmanagerin und verantwortlich für unsere erfolgreiche Produktlinie AX.
- ❑ Ich bin Leiterin des Rechnungswesens. Mir sind acht Mitarbeiter unterstellt.

- ❑ Ich bin Lektorin. Ich gebe den Manuskripten nationaler und internationaler Autoren den letzten Schliff.
- ❑ Meine Selbstaussage:

____

____

____

Eine Schau spielen

Anders auftreten

Präsentieren ist immer auch ein bisschen Schauspielerei. Man versucht, der Rolle gerecht zu werden, die das Publikum von jemandem erwartet, der eine Produktneuheit präsentiert oder eine neue Marketingkampagne vorstellt. Oft wird das Wort „Schauspielerei" im Zusammenhang mit Präsentationen negativ empfunden. Sätze mit Verneinungen kommen einem dabei schnell über die Lippen: „Ich bin doch keine Schauspielerin!" „Das hat doch nichts mit mir zu tun ..." Mit anderen Worten: „Ich will so bleiben, wie ich bin." Doch das tun Sie sowieso nicht. Sie sind heute vermutlich eine andere als noch vor fünf Jahren. Und nach Ihrer fünften Präsentation werden Sie anders auftreten als nach Ihrer ersten.

To do

Ihre Rolle
Überlegen Sie: In welcher Rolle agieren Sie in der kommenden Präsentation? Was verlangt diese Rolle von Ihnen?

____

____

____

Ihre Wirkungsmacht

Was kommt gut an?

Präsentieren – egal, ob intern oder extern – ist ein Schritt nach draußen, ein Schritt raus aus dem Bekannten und rein in die Unternehmung, für sich selbst zu punkten, Selbstmarketing zu betreiben, Flagge zu zeigen. Dabei geht es nicht darum, dass aus einem Temperamentbolzen eine zurückhaltende Präsentatorin und aus einer eher reservierten Frau ein Derwisch auf der Bühne wird. Solche Verrenkungen brauchen Sie nicht zu unternehmen. Doch nutzen Sie jede Gelegenheit, um Reden oder Vorträge zu halten. Analysieren Sie nach jedem Auftritt, was gut gelaufen und bei den Zuhörern gut angekommen ist. An welchen Stellen haben sie Ihnen zugestimmt? Wann war die Stimmung gelöst bis heiter? Mit welchen Mitteln haben Sie es geschafft, Zustimmung zu bekommen und die Atmosphäre zu lockern? Diese Mittel sind die Dynamik und Wirkungsmacht Ihres Auftritts. Nutzen Sie sie!

To do

Unvergessliche Stellen meiner Präsentation:

____

____

____

Bewahren Sie Haltung

Wie stehen Sie zu dem, was Sie sagen? Ihre innere Haltung zu einem Thema hat unmittelbaren Einfluss auf Ihre äußere Haltung. Je klarer Ihr innerer Standpunkt ist, desto leichter wird es Ihnen fallen, einen sicheren Stand auf der Bühne einzunehmen.
Gestik und Mimik lassen sich nur in einem sehr geringen Maß steuern. Vergessen Sie, in einer Präsentation die komplexen Abläufe vom Stirnrunzeln über das Heben der Augenbraue bis zu den

Reflexen von Mund, Armen und Knien in den Griff zu bekommen. Selbst professionelle Pokerspieler schaffen es kaum, jegliche mimische Regung zu unterdrücken.

Gestik und Mimik

Gestik und Mimik sind immer einen Wimpernschlag früher da als die gesprochene Sprache. Während Sie noch damit beschäftigt sind, eine Formulierung zu finden, haben Gestik und Mimik ihren Part bereits erfüllt. Schon aufgrund dieser zeitlichen Verzögerung ist es so gut wie unmöglich, die Gestik und Mimik bewusst zu steuern. Deshalb geht es in diesem Abschnitt auch weniger darum, wann Sie die Hände senken oder die Augenbraue heben sollen. Sie bekommen Tipps zu Ihrem Stand, zu Ihrer Gestik und Ihrem Blickkontakt.

Stehen Sie zu dem, was Sie sagen

Stabil und bequem stehen

Stabil, sicher, fest: Stehen Sie mit beiden Füßen auf dem Boden, die Beine hüftbreit und parallel nebeneinander, die Knie ganz leicht angewinkelt. Bei dieser Körperhaltung wird das gesamte Körpergewicht gleichmäßig auf beide Beine verteilt. Sie stehen daher nicht nur stabil, sondern auch bequem.

Wer eine Kampfsportart ausübt, kennt diese Haltung. Die Sportler stehen sicher und sind zugleich beweglich. Probieren Sie es aus: Nehmen Sie die Haltung ein, drehen Sie den Oberkörper nach links und nach rechts, bewegen Sie die Arme. Sie bleiben trotzdem standfest. Natürlich werden Sie im Laufe der Präsentation auch mal eine andere Haltung einnehmen. Sie gehen auf das Publikum zu oder bewegen sich nach links oder rechts. Nehmen Sie den stabilen Stand vor allem zu Beginn der Präsentation, bei Ihren Top-Argumenten und bei Ihrem Schluss-Appell ein.

Tipp

> Je sicherer Sie stehen, desto weniger angreifbar sind Sie. Denken Sie deshalb auch bei heiklen Fragen daran, sich in den stabilen Stand zu bringen. Wenn Sie befürchten, dass Sie zu oft eine andere Haltung einnehmen, zeichnen Sie auf Ihre Stichwortkarten ein Symbol, das Sie an den sicheren Stand erinnert.

Herausfordernd auftreten

Hände in die Hüften stemmen

Eine typische Haltung bei Frauen besteht darin, die Hüfte einzuknicken und wie ein Model einen Fuß vor den anderen zu setzen. Die Hüfte einzuknicken macht einen koketten Eindruck, die Füße voreinander zu stellen wirkt in Kombination mit einem Kostüm extrem feminin. Reden Sie vor einem Publikum, das hauptsächlich aus älteren Herren besteht, können Koketterie und feminines Auftreten durchaus Sinn machen. Setzt sich Ihr Publikum jedoch aus aufstrebenden Männern zusammen, die in Ihnen eher eine Konkurrentin sehen, knicken Sie weder die Hüfte ein noch stehen Sie vor Ihnen wie ein Model. Nehmen Sie den stabilen Stand ein und stemmen Sie häufiger mal die Hände in die Hüften. Damit machen Sie sich nicht nur breiter, als Sie in Wirklichkeit sind. Sie vermitteln mit dieser Haltung auch Dynamik und signalisieren: „Ich liebe Herausforderungen!"

Hände ins Spiel bringen

Eine beliebte Frage zum Thema Gestik ist immer wieder: Wohin mit den Händen? Viele nehmen schon deshalb gern ein Skript mit, weil sie nicht mit leeren Händen dastehen wollen. Beobachten Sie sich selbst, wenn Sie engagiert von etwas reden. Ihre Hände und Arme kommen automatisch mit ins Spiel. Womöglich legen Sie das Stichwortmanuskript dann sogar aus den Händen, weil es Sie in Ihren Bewegungen einschränkt.

Bauchnabelhöhe

Wenn Sie Ihre Hände nicht bewegen, halten Sie sie am besten in Bauchnabelhöhe und legen sie locker zu einer Schale aufeinander. Beobachten Sie das Wechselspiel zwischen Arm- und Handhaltung und Schulterhöhe vor einem Spiegel:

- ❑ Wenn die Arme zu beiden Seiten Ihres Körpers herabhängen, hängen auch die Schultern. Der Körper strahlt wenig Spannung und Energie aus.

- ❑ Halten Sie die Hände in Bauchnabelhöhe, sind die Schultern leicht angehoben. Sie wirken entschlossen und dynamisch.
- ❑ Nehmen Sie die Hände höher, bis ungefähr unter die Brust. Die Schultern werden hochgezogen, was einen etwas verkrampften Eindruck hinterlässt.

Tipp Wenn Sie bei kleineren Veranstaltungen die Teilnehmer per Handschlag begrüßen, achten Sie auf einen festen und sicheren Händedruck. Bitten Sie Ihren Partner oder eine Freundin um ein Feedback zu Ihrem Händedruck: Erfassen Sie die Hand Ihres Gegenübers vollständig? Nehmen Sie, während Sie die Hand drücken, Blickkontakt auf?

Bitte nicht

Verbergen Sie Ihre Hände nicht hinter dem Rücken. Ihre Rede geht durch eine solch defensive Körpersprache verloren.

Stifte, Ringe, Ketten

Nehmen Sie keinen Stift in die Hand. Ich kenne niemanden, der es schafft, nicht mit dem Stift zu spielen. Entweder drückt man ständig die Kugelschreibermine oder man zieht bei Filzstiften die Kappe auf und zu. Beides macht die Zuhörer wahnsinnig. Oder man nimmt den Stift gleich so auseinander, dass einem die einzelnen Teile um die Ohren fliegen.

Spielen Sie auch nicht mit Ihrem Ring oder einer Kette.

Mit Blicken Brücken bauen

Jeder Augenkontakt ist Kommunikation und Verständigung. Ob wir jemanden als glaubwürdig, überzeugend und integer empfinden, hängt eng mit dem Blickkontakt dieser Person zusammen. Vermeidet jemand, Sie anzusehen, werden Sie misstrauisch, gehen auf Distanz oder widmen sich anderen Dingen. Nicht nur in

Präsentationen kann fehlender Blickkontakt der Anlass sein, Sie als unsicher und ängstlich einzuschätzen.
Der Blickkontakt ist die Brücke zu Ihren Zuhörern. Es gibt Redner, die während der einleitenden Worte des Organisators auf den Boden, aus dem Fenster oder über die Köpfe der Zuschauer hinweg einen fixen Punkt anstarren. Ein nach unten gesenkter Blick kann schnell einen verhuschten, eingeschüchterten Eindruck hinterlassen, der Blick über alle hinweg einen arroganten, desinteressierten.

Wer Blickkontakt halten kann, wird deswegen nicht sofort als Star gefeiert. Wenn der Blickkontakt allerdings fehlt, die Augen ständig zur Decke, auf den Boden oder an die Leinwand gehen, wird das sofort (negativ) registriert.

Halten Sie Blickkontakt!

Solange Sie Blickkontakt zu Ihren Zuhörern halten, so lange halten Sie auch eine direkte Verbindung zu ihnen. Wenn Ihr Blick abschweift, wandern die Blicke Ihrer Zuhörer mit. Vielleicht kennen Sie das Phänomen, wenn jemand in die Luft guckt und alle anderen impulsiv ihren Blick ebenfalls nach oben richten. Während Ihres Vortrags kann das Mitgleiten der Blicke allerdings zur Folge haben, dass die Zuhörer etwas anderes Interessantes entdecken. Die Bereitschaft, Ihnen zuzuhören, lässt nach. Vermeiden Sie daher auch in Konzentrationsphasen, den Blick zu senken oder ihn zu weit vom Publikum zu entfernen.

Blicke gleichmäßig verteilen

Sei es aus Ängstlichkeit oder aus Neugier, wie man bei seiner Führungskraft ankommt: Viele Redner schauen in erster Linie ihren Vorgesetzten oder eine andere Autoritätsperson an. Diese Hierarchiefixierung geht natürlich zulasten der anderen Zuhörer, die dadurch das Gefühl bekommen, für den Präsentator weniger wichtig zu sein. Fatale Folgen kann die Konzentration auf eine Person haben, wenn andere Entscheider mit im Publikum sitzen.

Da diese die mangelnde Aufmerksamkeit als Missachtung empfinden, werden sie weder Ihnen noch Ihren Vorschlägen und Ausführungen wohlgesinnt sein. Lassen Sie den Blick schweifen. Falls Sie in dieser Hinsicht zu Vergesslichkeit neigen, malen Sie auf jede Seite Ihres Stichwortmanuskripts ein Auge. Das erinnert Sie daran, wie ein Hirte jedes Schaf der Herde gleichberechtigt mit einzubeziehen.

Auge auf Stichwortmanuskript

Nicht nur bei Autoritätspersonen, auch bei anwesenden Kritikern neigt man oft dazu, sie mit Blickkontakt regelrecht zu überschütten. Schenken Sie den Kritikern nicht zu viel Beachtung. Erstens tut es nicht gut, ständig in ein Gesicht zu schauen, das Missbilligung ausdrückt. Es raubt Ihnen nur Energie. Zweitens werden Sie aus einem Kritiker auch durch ständigen Blickkontakt keinen Befürworter machen. Viel wichtiger ist es, die noch Unschlüssigen anzuschauen. Die gilt es zu überzeugen und für sich zu gewinnen.
Übrigens können Sie durch Blickentzug einen Teilnehmer zu einer Nichtperson machen. Befindet sich einer Ihrer größten Widersacher im Publikum, so tut es Ihnen gut, aber nicht ihm, ihn bewusst nicht anzuschauen.

Die Lieblingsseite

Viele Redner haben eine bevorzugte Raumseite. Das ist oft die Fensterseite. Die Teilnehmer, die auf dieser Seite sitzen, werden mit Blickkontakt verwöhnt, die Teilnehmer auf der anderen Seite vernachlässigt. Ebenso stiefmütterlich werden häufig die Zuhörer behandelt, die an den äußeren linken und rechten Kanten des Raums sitzen. Bei solch mangelnder Beachtung passiert es schnell, dass die betroffenen Teilnehmer Ihnen die Gefolgschaft kündigen und sich anderweitig beschäftigen. Überlegen Sie, ob und welche Seite Sie favorisieren, und schaffen Sie Abhilfe: Auch hier hilft ein Auge als Symbol für Blickkontakt auf Ihren Stichwortkarten.

7 Sprechen Sie sicher

Ich finde, dass die Stimme unglaublich viel über den Charakter eines Menschen aussagt. Meistens mehr als das, was ein Mensch mit dieser Stimme sagt.
Wolf Haas, *Das Wetter vor 15 Jahren*

Wer präsentiert, repräsentiert. Wenn Sie präsentieren, sind Sie die Stimme Ihres Unternehmens. Bei Auftritten hat die Stimme eine besonders große Wirkung. Sie verrät mehr über Ihre Überzeugung als Ihre Körpersprache oder Kleidung. Die Stimme bestimmt mit, welche Inhalte die Zuhörer wahrnehmen. Wer sich andauernd verhaspelt, enthüllt sein Unwohlsein. Wer sein Anliegen leise und ohne Intonation vorträgt, gewinnt kaum an Autorität.
Viele Präsentatoren sprechen viel zu schnell und viel zu undeutlich. Und Sprechpausen – soll man dafür etwa auch noch Zeit haben? Sie sollten. Erstens werden Ihre Zuhörer sie zu schätzen wissen. Zweitens eignen sie sich bestens für dramaturgische Zwecke. Deutlich und langsam sprechen und an den richtigen Stellen schweigen – wie das geht? Lesen Sie:

Bogensätze

Stellen Sie sich eine Gehaltsverhandlung vor. Ihr Chef fragt Sie nach der Summe, die Sie sich vorstellen. Sie haben zwei Möglichkeiten, ihm zu sagen, dass Sie 500 Euro mehr wollen.

Gehen Sie am Satzende mit der Stimme nach oben: „500 Euro.“

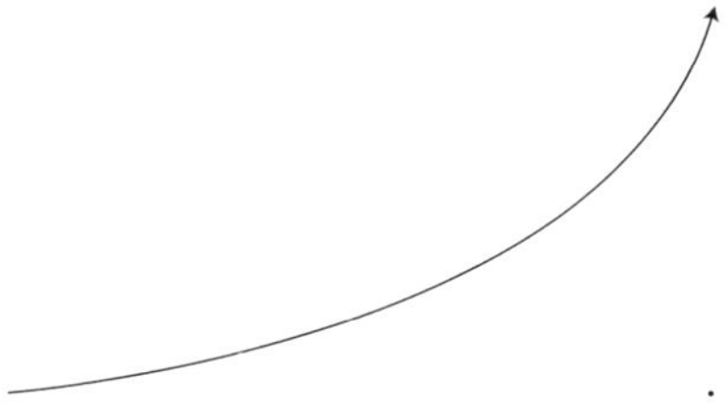

Gehen Sie am Satzende mit der Stimme nach unten: „500 Euro.“

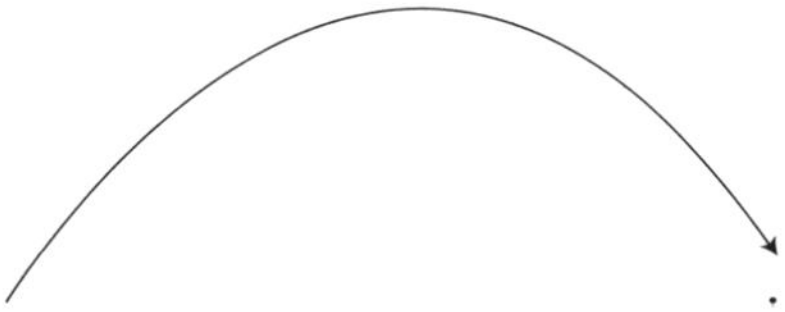

Bei der ersten Variante wird die Stimme unmittelbar vor dem Satzende nach oben gezogen. Der Effekt im Gespräch um mehr Gehalt: Die Sprecherin stellt ihre Forderung selbst infrage.
Bei der zweiten Version senkt man am Ende des Satzes die Stimme. Ein solcher Bogensatz strahlt Sicherheit und Souveränität aus. Die Sprecherin sagt mit einem Bogensatz klipp und klar, wie hoch ihre Forderung ist.

Tipp

Als Tipp für Ihre nächste Gehaltsverhandlung: Sagen Sie die Summe in einem Bogensatz und blicken Sie Ihrer Führungskraft dabei tief in die Augen. Das ist Selbstbewusstsein!

Viele Menschen ziehen unmittelbar vor dem Satzende die Stimme nach oben. Häufig reihen sie mehrere Sätze mit dieser Betonung aneinander. Diese sogenannten Girlandensätze klingen wie eine nicht enden wollende Aufzählung. Lesen Sie die folgenden Sätze laut vor. Gehen Sie mit der Stimme am Ende jedes Satzes wie bei einer Aufzählung nach oben:

Guten *Tag*. Mein Name ist Angelika *Seifert*. Ich arbeite seit fünf Jahren als Projektmanagerin bei der *Immo AG*. Zurzeit verantworte ich das Siedlungsprojekt Mainauen in *Aschaffenburg*.

Satzgirlanden

Eine in Girlandensätzen vorgetragene Rede wirkt gehetzt. Denn wer vor dem Satzende die Stimme nach oben zieht, spürt, dass er mit dem Satz noch nicht zu Ende ist, und führt ihn durch weitere Sätze und Nebensätze fort. Bei den Zuhörern kommt diese Satzgirlande als eine endlose und langweilige Abfolge von immer neuen Fakten und Informationen an. Man hofft, dass der Redner sprichwörtlich mal einen Punkt macht und eine Pause einlegt.

Damit Sie ein Gefühl für die Intonation bekommen, lesen Sie die Sätze als Bogensatz:

Mein Name ist Angelika **Seifert**. Ich arbeite seit fünf Jahren als Projektmanagerin bei der **Immo AG**. Zurzeit verantworte ich das Siedlungsprojekt Mainauen in **Aschaffenburg**.

Tempo, Tempo, Tempo

Schnell auf die Bühne. Die Schleusen der Informationsflut öffnen. Möglichst alles, was man weiß, in 20 Minuten unterbringen.

Mäßigen Sie Ihr Sprechtempo

Wenn das Ihre Motivation ist, dann peitschen Sie Ihr Publikum bitte mit einer rasend schnellen Sprechweise durch die Rede. Tun Sie sich dann aber auch den Gefallen und fragen Sie nie jemanden danach, ob er etwas behalten hat. Denn die Antwort ist vernichtend: Nichts.

Reden ist hörbar gemachtes Denken. Sie kennen den Inhalt Ihrer Präsentation. Ihre Zuhörer nicht. Das Publikum muss sich in das Gesagte erst hineindenken, muss sich Wichtiges merken und Gedanken mit der eigenen Erfahrungswelt in Verbindung bringen. Wer als Präsentator die Sätze atemlos miteinander verbindet, redet seine Zuhörer auf Dauer betrunken. Der Faden reißt, der Zuhörer lässt das Gesagte passiv an sich vorbeirasen.

> Eine zu hohe Sprechgeschwindigkeit blockiert Verstehen und Merken – ein böses Eigentor für Ihre Präsentation! Nehmen Sie sich deshalb Zeit für kleine Sprechpausen. Die Zuhörer verwandeln diese Pausen in Denkpausen. Jede kleine Verweildauer zwischen den Sätzen erleichtert ihnen, das Gehörte zu verarbeiten. Eine Faustregel besagt: „Wenn man sein eigenes Sprechtempo für zu langsam hält, ist es für die Zuhörer genau richtig."

Langsames Sprechen üben

Punkt. Pause ...

Ein geschriebener Text ohne Punkt und Komma ist enorm anstrengend zu lesen. Die einzelnen Aussagen lassen sich kaum oder nur mit großer Konzentration herauskristallisieren. Machen Sie es beim Reden so wie beim Schreiben: Stellen Sie sich die Sätze mit Satzzeichen vor und legen Sie bei imaginären Doppelpunkten, Gedankenstrichen und Punkten eine kleine Pause ein. Nutzen Sie die gedachten Satzzeichen innerhalb einer Rede, um Tempo und Lautstärke zu variieren.

Üben Sie das Setzen von Sprechpausen, indem Sie innerlich nach jedem Satz sagen: Punkt. Pause. Wenn Sie ein Diktiergerät haben, nehmen Sie den Text auf und horchen Sie beim anschließenden Abspielen bewusst auf die Pausen.

Hören Sie Rundfunk- und Nachrichtensprechern bewusst zu. Wann legen die Sprecher eine Pause ein? Welche Akzente setzen sie damit? Weitere geeignete Medien, um das Gehör für Pausen und Sprechgeschwindigkeit zu sensibilisieren, sind Hörbücher und Podcasts. Podcasts werden häufig von Laiensprechern gesprochen. Wie empfinden Sie die Stimm-Modulation?

To do

Machen Sie die folgenden Übungen, um ein Gefühl für Ihre eigene Sprechweise zu bekommen und das Tempo zu optimieren: Kaufen Sie sich das Hörbuch zu einem Buch, das in Ihrem Bücherregal steht. Nehmen Sie eine Textpassage mit einem Diktiergerät auf und vergleichen Sie Ihr Sprechtempo mit dem des Profisprechers in der Hörbuchaufzeichnung.

Lesen Sie den Auszug aus Uwe Timms Roman „Die Entdeckung der Currywurst“ laut vor. Achten Sie auf klar erkennbare Bogensätze und deutliche Sprechpausen. Die fett gedruckten Wörter bedeuten: Stimme senken.

Vor gut zwölf Jahren habe ich zum letzten Mal eine Currywurst an der Bude von Frau Brücker **gegessen.** Die Imbissbude stand auf dem Großneumarkt (Punkt. Pause) – ein Platz im **Hafenviertel:** windig, schmutzig, **kopfsteingepflastert.** Ein paar borstige Bäume stehen auf dem Platz, ein Pissoir und drei Verkaufsbuden, an denen sich die Penner treffen und aus Plastikkanistern algerischen Rotwein **trinken.** (…) Später, wenn ich auf Besuch nach Hamburg kam, bin ich jedes Mal in dieses Viertel gefahren, durch die Straßen **gegangen,** vorbei an dem Haus meiner Tante, die schon vor Jahren gestorben war, um schließlich – das war der eigentliche Grund – (Punkt. Pause) an der Imbissbude von Frau Brücker eine Currywurst zu **essen.**

Mit Sprechpausen die Rede strukturieren

Neben der eher didaktischen Notwendigkeit sind Sprechpausen ein gutes Mittel, die Rede in Sinneinheiten zu strukturieren und dramaturgisch zu gestalten. Mit kleinen Sprechpausen vor einem neuen Themenbereich oder interessanten Fakten und Informatio-

nen bauen Sie Spannung auf, wecken Neugier und deuten Wichtiges an. Suchen Sie in Ihrer Rede nach Stellen, an denen Sie bewusst eine Pause einlegen.
Im folgenden Beispiel werden vier Kompetenzen aufgezählt, die notwendig für einen Veränderungsprozess sind. Zunächst nennen Sie nur die jeweilige Kompetenz (fettgedruckt). Machen Sie dann eine Pause. Setzen Sie mit der Erläuterung fort.

To do

Unternehmen, in denen die Veränderung von Prozessen besonders gut gelingt, verfügen über vier Kompetenzen: **Leadership:** (Stimme senken. Punkt. Pause.) Das Topmanagement unterstützt einen prozessorientierten Ansatz. **Unternehmenskultur:** (Stimme senken. Punkt. Pause.) Bei den Beschäftigten nehmen Kunden, Teamwork und die Verantwortung des Einzelnen einen hohen Stellenwert ein. **Erfahrung:** (Stimme senken. Punkt. Pause.) Die Mitarbeiter wissen, wie Prozesse neu gestaltet werden. **Steuerung:** (Stimme senken. Punkt. Pause.) Das Unternehmen verfügt über organisatorische Fähigkeiten, auch komplexe Projekte zu meistern.

Pausen: Ja bitte, Ähms: Nein danke

In Sprechpausen gilt noch das Sprichwort, das in anderen beruflichen Zusammenhängen längst in die Mottenkiste gehört: „Reden ist Silber, Schweigen ist Gold." Wer sich fragt, wie eine Sprechpause anders gefüllt sein kann als mit Schweigen, höre sich bitte Reden nur unter diesem Gesichtspunkt an. Denn in der Praxis werden Pausen häufig mit Ähms oder anderen Verlegenheitsäußerungen überbrückt. Das liegt zum einen daran, dass wir Momente des Schweigens in Kommunikationssituationen kaum aushalten. Zum anderen empfinden viele Sprecher die Pause als Unterbrechung ihres Redeflusses. Dabei ist es genau umgekehrt: Pausen kanalisieren die Äußerungen. „Ähms" hemmen den Redefluss.

Tipp

Ein kleiner Trick hilft, die Ähms und Ähs deutlich zu reduzieren: Denken Sie am Ende eines Satzes an die Formel „Punkt. Pause." Wollen Sie innerhalb eines Satzes eine Pause einlegen, murmeln Sie im Stillen: „Pause. Pause." Üben Sie die Formel, indem Sie Texte laut vorlesen und nach jeder Sinneinheit die Pause gedanklich füllen mit: „Punkt. Pause."

Mit einem Ähm wird auch gern der Übergang zum nächsten Gliederungspunkt markiert. Halten Sie stattdessen kurz inne. Nutzen Sie die Zeitspanne, indem Sie tief durchatmen und sich auf den neuen Punkt konzentrieren.

„Ähm, also"

Ein anderer beliebter Zeitpunkt für ein Ähm ist der Moment, bevor man eine Frage beantwortet: „Ähm, also das ist so …" Sie wirken sicherer, wenn Sie sich einen Augenblick ohne irgendwelche Stimmgeräusche sammeln und dann die Antwort geben.

Sich auf die Antwort vorbereiten

Auf geradezu vorbildliche Weise zeigt die Fraktionsvorsitzende der Grünen, Petra Künast, welch nachhaltigen Eindruck man hinterlässt, wenn man eine Frage zunächst mit einer Pause beantwortet: Nachdem die Frage gestellt ist, schweigt sie einen Moment. Während dieser Pause schaut sie den Fragesteller unbeirrt an. Dann setzt sie – immer noch mit Blickkontakt zum Fragesteller – zur Antwort an. Von der Außenwirkung abgesehen, verhilft ihr diese Pause natürlich auch dazu, sich auf die Antwort zu konzentrieren.

Übrigens nehmen Zuhörer die Länge von Pausen anders wahr als der Redner. Was für Sie eventuell viel zu lang scheint, empfinden die Zuhörer als angenehm.

Eigentlich, denke ich, geht's auch ohne Füllwort

Diktiergerät

Ähnlich strapaziös für die Zuhörer wie Ähm-Laute sind Füllwörter der Marke „eigentlich“, „im Prinzip“, „letztendlich“, „wie gesagt“, „im Endeffekt“. Sobald Ihre Zuhörer anfangen, Strichlisten darüber führen, wie häufig Sie solche Wörter verwenden, können Sie Ihre Präsentation beenden. Denn nun kapriziert sich das Publikum auf nichts anderes mehr als auf Ihr favorisiertes Füllwort. Doch meistens weiß man gar nicht, welches Füllwort es ist, das man so gern in möglichst jeden Satz einbaut. Füllwörter gehören zu unseren blinden Flecken. Nehmen Sie Ihre Rede daher am besten mit einem Diktiergerät oder einer Videokamera auf. Konzentrieren Sie sich beim Abspielen nur darauf, an welchen Stellen Sie Füllwörter benutzen. Es gibt Redner, die Füllwörter gern als Abschwächung eigener Thesen und Argumente einsetzen. Wenn Sie dies in Ihrer Rede beobachten, üben Sie, vor allem die Kernaussagen ohne Füllsel über die Lippen zu bringen.

„Wir sind *sozusagen* der einzige Anbieter, der das Projekt mit Ihnen, *ich will mal sagen*, erfolgreich durchführen kann.“

Tipp

Wer Blickkontakt zu seinen Zuhörern hält, verwendet erfahrungsgemäß weniger Füllwörter, da die Aufmerksamkeit fokussiert ist. Wenn man überlegt und nach Wörtern sucht, geht der Blick oft nach oben in der Hoffnung, dort die nötigen Wörter „pflücken“ zu können. Dieser Suchprozess wird angereichert mit „Ähms“ oder Füllwörtern. Behalten Sie deshalb auch bei der Suche nach Begriffen Ihr Publikum im Auge. Dann kommen Sie leichter von den Füllseln los.

Deutlich sprechen

Nuscheln Sie? Verschlucken Sie Endsilben? Dann trainieren Sie eine langsame und deutliche Aussprache mithilfe von Zungenbrechern. Die Gefahr, über die ähnlich klingenden Wörter zu stolpern, zwingt Sie, die Wörter betont langsam auszusprechen. Lesen Sie die Beispiele übertrieben langsam und deutlich vor:

Zungenbrecher zum Üben

- ❑ Es klapperten die Klapperschlangen, bis ihr Klappern schlapper klang.
- ❑ Der Cottbusser Postkutscher putzt den Cottbusser Postkutschkasten.
- ❑ Max, wenn du Wachsmasken magst, dann mach Wachsmasken!
- ❑ Der Flugplatzspatz nahm auf dem Flugplatz Platz. Auf dem Flugplatz nahm der Flugplatzspatz Platz.
- ❑ Der Kaplan klebt Papp-Plakate.
- ❑ Rauchlachs mit Lauchreis.
- ❑ Zehn Ziegen zogen zehn Zentner Zucker zum Zoo.

> In großen Räumen entstehen oft verzerrende Hall-Effekte. Wer undeutlich oder schnell spricht, ist in Konferenzsälen akustisch noch weniger gut zu verstehen als in normal großen Büroräumen. Dem Hall-Effekt können Sie nur durch betont langsames und deutliches Sprechen entgegenwirken. Ein guter Anhaltspunkt für eine deutliche, angemessen laute und langsame Redeweise ist, wenn Sie selbst fast genervt sind von der eigenen prononcierten Sprechweise.

Man möchte Sie hören

Dass eine Frau aus Sicht des Publikums zu laut spricht, kommt nur selten vor. Sehr viel häufiger sind sanfte, leise Stimmen, die ab der dritten Reihe kaum noch zu verstehen sind. Wer eine eher leise Stimme hat, ist bestimmt schon häufiger gebeten worden, lauter zu sprechen. Auch wenn man der Bitte zunächst nachkommt und lauter spricht, wird man meistens schon nach ein paar Sätzen wieder leiser. Für die Zuhörer ist es nervig, die Rednerin ständig daran zu erinnern, lauter zu sprechen.

Akustische Präsenz

Sie ahnen, dass Ihr Stimmvolumen für die Größe des Raums nicht ausreicht? Dann greifen Sie zu einem Mikrofon. Gut geeignet sind Mikrofone, die sich am Revers Ihres Blazers anbringen lassen. Die durch das Mikrofon verstärkte Stimme klingt zunächst ungewohnt. Machen Sie sich deshalb schon vor Ihrem Auftritt vertraut mit Ihrer Mikrofonstimme.

Eine angemessene Lautstärke dient nicht nur der Verständlichkeit. Das Publikum erwartet akustische Präsenz vom Redner. Wenn Sie merken, dass Sie zwar lauter sprechen möchten, aber Probleme haben, die nötige Lautstärke körperlich zu produzieren, bilden Sie Ihr Stimmvolumen am besten mithilfe eines Stimmtrainers oder einer Stimmtrainerin aus.

Tipp

Wenn Sie Ihre Stimme schulen möchten, singen Sie so viel wie möglich. Beste Orte für falsche, schräge oder gelungene Töne sind das Auto, die Wanne und die Dusche. Singen gibt unserer Stimme Klang, verbessert die Atmung und macht gute Laune.

Die Stimme modulieren

Lauter und energischer zu sprechen kostet Frauen häufig große Überwindung. Mit einem Auszug aus dem Märchen „Frau Holle“

lässt sich sowohl der Wechsel zwischen laut und leise als auch die Intonation der Stimme gut trainieren. Sprechen Sie die fett gedruckten Passagen laut und kräftig, die kursiv gedruckten schwärmerisch und gefühlvoll und die unterstrichenen Textteile fordernd und appellierend:

To do

Frau Holle
Eine Witwe hatte zwei Töchter. Davon war die eine schön und fleißig und die andere hässlich und faul. Sie hatte aber die hässliche und faule, weil sie ihre rechte Tochter war, viel lieber. Die andere musste alle Arbeit tun und das Aschenputtel im Hause sein. Das arme Mädchen musste sich täglich auf die große Straße bei einem Brunnen setzen und musste so viel spinnen, dass ihm das Blut aus den Fingern sprang. (Punkt. Pause. Danach die Stimme ein wenig heben.)
Nun trug es sich zu, dass die Spule einmal ganz blutig war. Da bückte sich das Mädchen, um die Spule im Brunnen abzuwaschen. Die Spule sprang ihm aber aus der Hand und fiel hinab. Es weinte, lief zur Stiefmutter und erzählte ihr das Unglück. Sie schalt es aber so heftig und war so unbarmherzig, dass sie sprach: **„Hast du die Spule hinunterfallen lassen, so hol sie auch wieder herauf!“**
Da ging das Mädchen zum Brunnen zurück und wusste nicht, was es anfangen sollte, und in seiner Herzensangst sprang es in den Brunnen hinein, um die Spule zu holen. Es verlor die Besinnung, und *als es erwachte und wieder zu sich selber kam, war es auf einer schönen Wiese, wo die Sonne schien und viele tausend Blumen standen.* Auf dieser Wiese ging es fort und kam zu einem Backofen, der voller Brot war; das Brot aber rief: „<u>Ach, zieh mich raus, zieh mich raus! Sonst verbrenn ich, ich bin schon längst ausgebacken.</u>“ Das Mädchen zog eifrig alle Brote aus dem Backofen.

Danach ging es weiter und kam zu einem Baum, der hing voll Äpfel und rief ihm zu:
„Ach schüttel mich, schüttel mich, wir Äpfel sind alle miteinander reif." Da schüttelte es den Baum, dass die Äpfel fielen, als regneten sie, und schüttelte, bis keiner mehr oben war; und als es alle in einen Haufen zusammengelegt hatte, ging es wieder weiter. (...)

Ausdrucksformen trainieren

Ihre Stimme ist ein entscheidendes Erfolgskriterium. Sie kann angenehm klingen, angreifend, aggressiv, beruhigend, verurteilend oder fordernd. Trainieren Sie unterschiedliche Ausdrucksformen, damit Sie die Macht Ihrer Stimme besser und wirkungsvoller einsetzen können. Mit einem Wechsel in der Stimmführung wirken Sie dynamischer und engagierter. Tragen Sie wichtige Passagen lauter vor, Nebeninformationen leiser.

Stimmübungen

Die folgenden kurzen Übungen eignen sich für den Start Ihrer Präsentation, für zwischendurch und zur Auflockerung.

Mhmmm – Ja!

Machen Sie vor Ihrer Präsentation eine Aufwärmübung für Ihre Stimme: Intonieren Sie ein kräftiges und zustimmendes „Mhmmm". Summen Sie den Ton quer durch die Tonleiter. Üben Sie mit dem Ton die Ausdrucksformen für Zustimmung, Fragen und Feststellungen sowie für Gefühle wie Freude, Zorn, Aufregung und Begeisterung.
„So ja!" „So ja?"
Üben Sie auch mit diesen beiden Sätzen, unterschiedliche Gefühle zum Ausdruck zu bringen. Wie klingen sie, wenn Sie begeistert, fröhlich, verzweifelt oder bestimmend sind?

Gähnen

Gähnen ist ein hervorragendes Training für Ihre Artikulation und Ihren Stimmumfang. Wenn es Ihnen am Anfang schwerfällt, auf Kommando zu gähnen, versuchen Sie Folgendes: Versetzen Sie sich in Gedanken in die Morgenstunden, an denen Sie noch wohlig in Ihrem warmen Bett liegen und in den Tag hineinträumen ... Wetten, dass Sie spätestens jetzt ein Müdigkeitsgefühl verspüren und anfangen, herzhaft zu gähnen?

Trockener Mund

Sie haben das Gefühl, kein Wort herausbringen zu können, weil Ihr Mund zu trocken ist? Und kein Glas Wasser in Griffnähe? Dann hilft es, bei geschlossenem Mund die Zunge vorne über die Zähne kreisen zu lassen. Alternativ beißen Sie sich fest – aber nicht zu fest – auf die Zungenspitze. Mit beiden Methoden regen Sie die Speichelproduktion an.

Kieferbereich lockern

Wenn Ihr Kieferbereich verkrampft ist und Sie nicht wissen, wie Sie aus dieser Starre herauskommen, brauchen Sie keine Kehlkopfentzündung zu simulieren und sich mit Gebärdensprache zu verständigen. Zwei Mittel helfen, den Kieferbereich und die Lippen zu lockern:
Kauen Sie mit offenem Mund ein Stück Brot oder Brötchen. Die Muskulatur wird dadurch entspannt.
Sagen Sie „Brrrrrrr“ und lassen Sie dabei die Lippen flattern. Wenn das gar nicht klappt, weil Sie zu verkrampft sind, drücken Sie die Lippen zunächst mit den Fingern zusammen.

Fazit

Mit Ihrer Stimme transportieren Sie den Inhalt Ihrer Präsentation. Eine monotone Stimmführung kann jedes noch so spannende

Thema zäh und langweilig werden lassen. Mit einer abwechslungsreichen Intonation setzen Sie Akzente und lenken die Aufmerksamkeit auf die für Sie wichtigen Passagen. Sprechen Sie klar und mit melodischer Stimme, achten Sie auf Betonungen und Pausen.

Checkliste

Nehmen Sie Ihre Rede mit einem Diktiergerät auf und prüfen Sie:

- ❑ Mein Sprechtempo ist angemessen.
- ❑ Ich senke am Satzende meine Stimme.
- ❑ Ich gönne mir und meinen Zuhörern Pausen.
- ❑ Ich spreche angemessen laut.
- ❑ Ich weiß meine Stimme für unterschiedliche Zwecke einzusetzen.
- ❑ Ich habe eine abwechslungsreiche Stimmführung.
- ❑ Ich spreche deutlich.

8 Zuhörer, die mehr wissen wollen

Zwischenfragen, Einwände und spitze Bemerkungen – das ist für viele Präsentatorinnen das reinste Horrorszenarium. Man fürchtet sich vor Fragen, die man nicht zu beantworten weiß, vor Einwänden, auf die einem so schnell keine Antworten einfallen, und vor Zuhörern, die meinen, einem auf den Zahn fühlen zu müssen. Machen wir uns nichts vor: Diese Schrecklichkeiten kommen vor. Allerdings – und das sind die guten Nachrichten: Zwischenfragen sind meistens harmlos. Einwände funktionieren nach erkennbaren Prinzipien. Und wenn Ihnen jemand auf den Zahn fühlen will? Bitte! Nur zu!

Wir hören mit vier Ohren

Eine Präsentation ist eine Interaktion mit den Zuhörern. Als Präsentatorin reden Sie, achten auf die Reaktionen aus dem Publikum und hören den Teilnehmern bei Fragen und Einwänden zu. Genau dabei gilt es, das richtige Ohr zu spitzen. In Kommunikationssituationen haben Sie die doppelte Anzahl an Ohren, nämlich vier.

Stimmungslage

Sie können das, was andere Ihnen sagen, mit vier unterschiedlichen Ohren hören. Ihre Stimmungslage und Ihr Interesse steuern, welches Ohr in welchem Maße auf Empfang geschaltet ist.

„Haben Sie für Ihre These Beweise?", fragt Sie ein Teilnehmer während der Präsentation.

Ist das **Sachohr** auf Empfang gestellt, hören Sie wertfrei die sachliche Information der Frage. Sie hören: „Der Teilnehmer will wissen, ob ich für meine These Beweise habe. Ich werde sie ihm nennen."

Ist das **Appellohr** gespitzt, hören Sie versteckte oder nicht bewusst gesendete Aufforderungen. Die Aufforderung steht im Zentrum. Die Appellebene macht Ihnen bewusst, was der Redner möchte und was Sie seinem Wunsch nach tun sollen. Sie hören: „Ich verstehe die Frage als Aufforderung, dem Teilnehmer Beweise zu liefern. Die bisherigen Ausführungen reichen ihm nicht."

Mit einem ausgeprägten **Beziehungsohr** hören Sie aus einer Äußerung die gegen Sie gerichteten Botschaften. Sie fühlen sich persönlich betroffen. Die Beziehungsebene rückt in den Vordergrund. Sie hören: „Der Teilnehmer misstraut mir. Er zweifelt meine Aussagen an. Ich habe das Gefühl, er hält mich für inkompetent."

Mit dem **Selbstoffenbarungsohr** diagnostizieren Sie die Befindlichkeit des Sprechers. Wer mit diesem Ohr hört, ist weniger mit sich als vielmehr mit dem Sprecher beschäftigt. Sie versuchen herauszufinden, wie es ihm geht, und sagen sich: „Der Teilnehmer möchte es ganz genau wissen und hätte deshalb gern noch weitere Argumente."

Das bevorzugte Ohr

Bei jedem von uns ist eines der Ohren besonders ausgeprägt. Wer mit einem weit aufgesperrten Appellohr durch die Gegend geht, versteht Äußerungen wie „Es ist warm hier" als indirekte Aufforderung, das Fenster zu öffnen. Jemand, der die Äußerung mit dem Sachohr hört, sagt „Stimmt". Menschen mit großem Selbstoffenbarungsohr hören, dass dem Sprecher warm ist, und fragen nach seiner Befindlichkeit. Und alle, die gern die Antennen des Beziehungsohrs ausfahren, klopfen selbst neutrale Äußerungen auf mögliche, gegen sie gerichtete Botschaften ab und sagen: „Dafür kann ich nun wirklich nichts!"

Beziehungsohr

In Präsentationssituationen, in denen wir angespannt und nervös sind, ist unser Beziehungsohr besonders aktiv und groß wie ein Rhabarberblatt. Fragen, Einwände und Kommentare suchen wir nach Hinweisen ab, die auf Vorbehalte des Teilnehmers deuten könnten. Mit einem allzu offenen Beziehungsohr liegen wir ständig auf der Lauer nach Äußerungen, von denen wir annehmen, dass sie gegen uns gerichtet sind. Gerade bei Zwischenfragen oder in den Raum gestellten Äußerungen lässt uns eine solche Skepsis noch mehr verkrampfen. Und die Gefahr wächst, dass wir, statt eine sachliche Antwort zu geben, viel zu defensiv und verunsichert reagieren.

To do

Lassen Sie Ihre letzten Präsentationen und Gesprächssituationen Revue passieren und überlegen Sie: Mit welchem Ohr haben Sie Fragen und Einwände gehört? Haben Sie sich für etwas gerechtfertigt, für das es gar keinen Grund gab? Haben Sie emotional reagiert oder sind Sie cool geblieben? Haben Sie sich bei süffisanten oder provokativen Fragen in die Enge gedrängt gefühlt? Oder haben Sie den Sprecher mit Ihrem Selbstoffenbarungsohr entlarvt und ihn gefragt, seit wann er in dieser gereizten Stimmung ist?
Wenn Sie bei Ihrer Selbstanalyse zu dem Schluss kommen, dass Sie in angespannten Situationen eine Vorliebe für Ihr Beziehungsohr haben, stopfen Sie es künftig symbolisch mit Oropax zu. Stellen Sie es sich bildhaft vor, wie Sie Ihr Beziehungsohr verschließen und Ihr Sachohr aufsperren. Das Sachohr verhilft Ihnen zu mehr Gelassenheit und Souveränität im Bewältigen der Fragerunden.

Zwischenfragen

Wahrscheinlich lesen Präsentatoren deshalb so gern vor, was auf der Leinwand zu sehen ist, damit sie jeden übersehen können, der eine Frage stellen möchte. Viele Redner legen gleich zu Beginn die

Spielregeln

Spielregeln fest. Sie laden die Zuhörer entweder ein, auch zwischendurch Fragen zu stellen, oder bitten sie, Fragen erst im Anschluss an die Präsentation zu formulieren. Meine Empfehlung: Lassen Sie es einfach auf sich zukommen. Geben Sie keinen Zeitpunkt für mögliche Fragen vor. Wer unbedingt eine Frage stellen will, lässt sich auch durch Ihre Bitte nicht davon abhalten. Konsequenterweise müssten Sie eine solche Frage dann abtun mit der gouvernantenhaften Bemerkung: „Wie ich eingangs sagte, beantworte ich Fragen erst nach meiner Präsentation."

Zwischenrufe

Wichtig ist einzig und allein, eine Zwischenfrage von einem Zwischenruf zu unterscheiden. Zwischenfragen zielen meistens auf Informationen ab: „Wann kommt das Produkt auf den Markt?" Solche Fragen sind leicht zu beantworten.

Ignorieren Sie unsachliche Zwischenrufe

Zwischenrufe dagegen sind verbale Nebelkerzen. Man versucht, Sie abzulenken oder zu verunsichern: „Das ist doch völlig utopisch!" So schwer es sein mag: Sachohr einschalten und gelassen bleiben. Ignorieren Sie solche unsachlichen Zwischenrufe. Sie müssen nicht auf jede Unverschämtheit reagieren, mit der man versucht, Sie aus dem Konzept zu bringen. Wenn Sie sich zu einer Antwort entschließen, dann kurz und knapp: „Utopisch? Nein, das ist die Realität."

Oder vertrösten Sie den Rufer auf einen Zeitpunkt, der niemals kommen wird: „Utopisch? Ich komme darauf noch zu sprechen."

Halten Sie Blickkontakt zu demjenigen, der Sie attackiert. Wenden Sie den Blick sofort nach der Antwort ab und fahren Sie unbeirrt mit der Präsentation fort.

Vielfrager

Nun gibt es auch so manchen Kandidaten in Präsentationen, der dauernd versucht, Ihnen ins Wort zu fallen. Gehen Sie bei einem solchen Dauerstörer in die erbarmungslose Charmeoffensive: „Ich möchte nicht, dass Ihre Fragen unbeantwortet bleiben. Darf ich Sie

deshalb bitten, diese und alle eventuell noch kommenden Fragen zu notieren? Danke."
Und für alle, die einen penetranten Dauerstörer ein für alle Mal in die Schranken weisen wollen: „Haben Sie zu Hause niemanden zum Reden?"

Den Faden verlieren

Und was ist, wenn Sie nach einer Frage den Faden verlieren? Keine Sorge. Ein verloren gegangener Faden findet sich immer wieder. Wenn auch das Stichwortmanuskript oder ein kurzer Blick auf die Folie nicht helfen, wenden Sie sich ans Publikum: „Nun meine Frage an Sie: Wo bin ich stehen geblieben?" Oder: „Frage beantwortet, Faden weg. Kann mir jemand auf die Sprünge helfen?"

Okay, gibt's noch Fragen?

Die Präsentation ist zu Ende, die Zeit der Fragen und Diskussionen beginnt. Nervös? Das brauchen Sie in den meisten Fällen nicht zu sein. Die Zuhörer gehen nicht mit dem Plan in die Präsentation, Sie durch unangenehme Fragen in Verlegenheit zu bringen.

Wer nicht fragt, bleibt dumm

Oft ist der Grund, nach einer Präsentation Fragen zu stellen, kein anderer als der in der Sendung mit der Maus: Wer nicht fragt, bleibt dumm. Die Zuhörer wollen weitere Informationen, um mehr über das Thema zu erfahren oder Ihre Argumentation nachvollziehen zu können.

Tipp Fragen- und Diskussionsrunden eignen sich hervorragend, um Ihr Publikum zu umschmeicheln. Behandeln Sie jede Frage mit ungeteilter Aufmerksamkeit. Auch wenn Ihnen eine völlig idiotische Frage gestellt wurde, schauen Sie interessiert. Geben Sie positive Rückmeldungen zu den Wortbeiträgen Ihrer Zuhörer: „Danke für die aufschlussreichen Ausführungen." „Interessante Blickweise. Habe ich so noch nicht in Betracht gezogen. Danke für die Anregung." Diese Schmeicheleinheiten sind im positiven Sinn ein Spiel mit den Zuhörern. Sie geben zu, dass die Fragen und Argumente Ihrer Zuhörer Ihren Horizont erweitern. Gleichzeitig zähmen Sie Ihr Publikum mit dieser Offenheit. Warum sollte Sie jemand angreifen, dessen Äußerungen Sie aufgeschlossen gegenüberstehen?

Die Frage wiederholen

Paraphrasieren Sie bei komplexen Fragen

Manche Fragen sind inhaltlich so komplex, dass man sie nicht auf Anhieb versteht. Um Missverständnissen vorzubeugen, geben Sie solche Fragen am besten zunächst mit eigenen Worten wieder. Das erspart Ihnen Kommentare wie „Das ist keine Antwort auf meine Frage" oder „Sie haben mich falsch verstanden. Was ich wissen wollte, ist ...". Das Paraphrasieren ist nur bei komplexen Fragen erlaubt. Bei einfachen Fragen wirkt es als billige Zeitgewinnungstechnik.

Die Frage eines Teilnehmers: „Für mich stellt sich die Frage: Schafft das Marktgeschehen vollendete Tatsachen oder kann man den Zeitpunkt der Umsatzentstehung, die Rabatte und die Prozesse zur Auftragserfüllung besser beeinflussen?"

Ihre Frage: „Ich verstehe Ihre Frage so, dass es für Sie unklar geblieben ist, wer das Marktgeschehen beeinflusst: der Markt selbst oder die am Markt Beteiligten?"

Machen Sie eine kurze Pause, bevor Sie antworten. Schauen Sie dem Fragesteller offen ins Gesicht. Der Moment des Schweigens

gibt Ihnen Gelegenheit, sich über die Antwort klar zu werden. Beantworten Sie *nur* die Frage, die Ihnen gestellt wurde. Und beantworten Sie diese kurz und bündig.
Frauen denken vernetzter als viele Männer. Sie beziehen mehr Faktoren mit in ihre Argumentation ein. Diese Stärke kann in Diskussions- und Fragerunden, in denen es oft auf eine knappe und zielgerichtete Argumentation ankommt, zum Nachteil werden. Vermeiden Sie in Ihren Antworten alles, was Ihre Aussage verwässern könnte. Das sind Formulierungen wie „Einerseits ... andererseits", „Teilweise", „In mancher Hinsicht". Die knappe Antwort auf die obige Frage lautet: „Wir alle – Sie, wir, ich – sind der Markt. Deshalb sind auch wir es, die den Markt beeinflussen."

Wenn Sie keine Antwort wissen

Man stellt Ihnen eine Frage, auf die Sie partout keine Antwort wissen? Das ist kein Beinbruch. Wenn Sie ein paar Dinge in einer solchen Situation beherzigen, gewinnen Sie sogar noch an Respekt: Schauen Sie den Fragesteller an. Denken Sie zwei Sekunden nach und sagen Sie dann: „Ich habe keine Ahnung." Verwenden Sie keine Entschuldigungen, kein „leider" und keine mädchenhaften Verniedlichungen wie: „Oh, da haben Sie mich aber erwischt." Versuchen Sie, ein verlegenes Lächeln zu unterdrücken. Bitten Sie den Fragesteller um seine Visitenkarte und versprechen Sie ihm, die Information nachzuliefern.

Tipp Vielleicht weiß jemand aus dem Publikum die Antwort. Beteiligen Sie Ihre Zuhörerinnen und Zuhörer an der Lösungsfindung.

Wenn niemand eine Frage stellt

Wenn die Zuhörer einander nicht gut kennen oder das Hierarchiegefälle groß ist, traut sich oft niemand, die erste Frage zu stellen. Aber nicht immer ist es Schüchternheit, die mögliche Fragen erfolgreich verdrängt. Manchmal ist es auch die Befürchtung, sich mit einer Frage zu blamieren. Diese Zeit des Wartens auf die erste Frage wird oft als bleiern und unangenehm empfunden. Und je länger das Schweigen dauert, umso größer wird die Hemmschwelle, sich mit einer Frage hervorzutun. Beenden Sie die Situation mit Verständnis und einem Angebot: „Meistens fallen einem später noch Fragen ein. Im Handout finden Sie meine E-Mail-Adresse. Melden Sie sich, wenn Sie mehr wissen wollen. Ich freue mich auf den Austausch mit Ihnen."

Wenn jemand eine dumme Frage stellt

Manchmal mag es Ihnen durch den Kopf schießen, wie unsäglich dumm die gerade gestellte Frage ist. Da kein Teilnehmer seine Frage für dumm halten wird, behalten Sie Ihre Einschätzung am besten für sich und beantworten die Frage gewohnt freundlich.

Fragen nach der letzten halben Stunde

„Was waren noch mal die Vorteile Ihres Kundenbindungssystems?" Wenn die Frage eines Teilnehmers verrät, dass er die letzte halbe Stunde mit seinen Gedanken woanders war, stecken Sie in einer Zwickmühle. Beantworten Sie die Frage ausführlich, langweilen sich die anderen Teilnehmer, die dies unter Umständen durch Unmutsäußerungen deutlich machen. Andererseits mag kein Teilnehmer Bloßstellungen oder oberlehrerhafte Maßregelungen im Sinne von: „Das habe ich zwar eben lang und ausführlich dargestellt. Aber ich erkläre es Ihnen gern noch einmal." Jede spitze Bemerkung in Richtung Fragesteller kann Sie eine Menge Sympathiepunkte kosten. Eine kurze und knappe Antwort, in die Sie eine Ihrer Kernbotschaften einflechten, ist die ideale Lösung. Ähnliches gilt auch für den folgenden Fall:

Fragen nach etwas, das Sie in Ihrer Präsentation abgedeckt haben

„Was verstehen Sie genau unter Kundenbindung? Wie sollen die Prozesse ablaufen?“ Vielleicht haben Sie einige Sachverhalte unverständlich oder zu ungenau formuliert. Wenn dem Fragesteller ein Teil Ihrer Präsentation zu unspezifisch war, geht es den anderen Teilnehmern womöglich auch so. Besonders raffiniert ist es, den Sachverhalt auf eine andere Weise als in der Präsentation zu erläutern.
Haben Sie schon mal einen Weg beschrieben bekommen? Wenn Sie fragend blicken, weil Sie die Beschreibung nicht nachvollziehen können, wird der Gesprächspartner häufig lauter und erklärt das Ganze noch einmal haargenau so wie beim ersten Mal. Sie werden danach wahrscheinlich immer noch nicht wissen, wo es langgeht. Ähnliches ist bei Präsentatoren zu beobachten. Sie verwenden für ihre Antwort Formulierungen, die fast identisch mit denen aus der Präsentation sind. Versuchen Sie, die Frage mit anderen Worten zu erklären. Vielleicht fällt Ihnen ein Bild ein, mit dem Sie das Ganze anschaulicher machen.

Ein Schlaumeier fragt

Beantworten Sie Schlaumeierfragen so knapp wie möglich

„Sie erwähnten den Paragrafen 135a SGB, in dem die Verpflichtung, ein Qualitätsmanagement einzuführen und weiter zu entwickeln, festgeschrieben ist. Gibt es bereits Kommentare zu dieser gesetzlichen Bestimmung? Und wenn ja, wie wird das Gesetz interpretiert?“ Wenn der Ehrgeiz Sie packt und Sie sich dazu hinreißen lassen, eine solche Frage bis ins kleinste Detail zu beantworten, wundern Sie sich bitte nicht über Schnarchgeräusche der anderen Teilnehmer. Beantworten Sie spezifische Fragen so knapp wie möglich. Ist der Fragesteller an einer ausführlicheren Antwort interessiert, bieten Sie ihm an, das Gespräch nach der Veranstaltung fortzusetzen.

Dauerredner stoppen

Manchmal hat man es mit Teilnehmern zu tun, die meinen, eine weitere Rede könne nicht schaden, und aus ihrer Frage einen Vortrag stricken. Männliche Teilnehmer neigen mehr als weibliche Teilnehmerinnen zu dieser Art der Profilierung. Dass die anderen Teilnehmer gar kein Interesse an ausführlichen Darlegungen haben, stört die Selbstdarsteller nicht im geringsten. Gleichwohl ist es Ihr Job, einen Dauerredner zu stoppen.
Die Rednerin sind Sie. Ihnen gehört das Parkett. Wenn ein Teilnehmer versucht, Sie durch sein dominantes Auftreten in den Hintergrund zu drängen, unterbrechen Sie ihn: „Herr Schulze, wie lautet Ihre Frage?" Frauen tun sich häufig schwer damit, andere zu unterbrechen. Manieren und Bescheidenheit sind in diesem Falle jedoch auszublenden. Stoppen Sie den Redner, sonst gleitet Ihnen die Veranstaltung aus den Händen und Sie sind das Zepter los. Reagiert der Teilnehmer auf Ihre Intervention mit der Bemerkung „Moment, ich bin noch nicht fertig", unterbrechen Sie ihn erneut: „Herr Schulze, nennen Sie uns bitte Ihre Frage."

Unangenehmen Fragen vorbeugen

Nehmen Sie potenziellen Kritikern den Wind aus den Segeln

„Werden Sie das Projekt denn überhaupt stemmen können? Sie sind doch nur ein kleines Unternehmen." Was tun? Die weiße Fahne hissen, kapitulieren, auswandern und weinen? Das beste Mittel, schwierigen oder unangenehmen Fragen vorzubeugen, ist, diese bereits während der Präsentation zu beantworten. Überlegen Sie sich mithilfe Ihrer Zuhöreranalyse, welche Fragen Ihnen vermutlich gestellt werden. Fragen zum Preisgefüge? Zur Innovationskraft Ihres Produkts? Zur Wettbewerbsfähigkeit? Welche Fragen sind außerdem möglich, die nicht unmittelbar mit dem Thema zu tun haben? Fragen zu Ihrer Kompetenz? Zu Presseartikeln über Ihr Unternehmen? Zu unternehmerischen Entscheidungen? Wer es versteht, solche Themen adäquat in die Präsentation mit einzubauen, nimmt den potenziellen Kritikern den Wind aus den Segeln.

Damit verderben Sie ihnen regelrecht den Spaß, Sie mit Fragen in Bedrängnis zu bringen.

Mehr Biss: Widersacher abwehren

Nach keiner noch so gut vorbereiteten Präsentation ist man vor Teilnehmern gefeit, die sich mit ihren Fragen als widerborstig entpuppen. Deshalb gleicht es einem Kamikaze-Auftritt, rhetorisch unvorbereitet die Fragerunde zu eröffnen. Im Publikum lauern vielleicht einige angriffslustige Zuhörer, die sich während Ihrer Präsentation ein paar fiese Fragen zurechtgelegt haben. Da gilt es, einen Köcher mit verbalen Giftpfeilen parat zu haben. Ebenso hilfreich ist eine große Portion Gelassenheit. Bewahren Sie Haltung, aber gönnen Sie sich gern auch eine königliche Stimmung: „I'm not amused."

Pardon wird nicht gegeben

„Zu teuer." „Das ist doch alles noch viel zu unausgegoren." „Die Realität ist aber ganz anders."

Unfaire Äußerungen

Zu solchen unfairen Äußerungen greifen all jene, die unbedingt etwas durchsetzen oder verhindern wollen. Mit Killerphrasen wird versucht, Sie in die Enge zu treiben oder gar mundtot zu machen. Wer Killerphrasen benutzt, geht davon aus, dass der Angegriffene zunächst so perplex ist, dass er auf Anhieb nichts entgegnen kann. Er möchte testen, inwieweit er Sie verunsichern und einschüchtern kann. Eine Killerphrase ist eine Nullaussage. Sie zeigt, dass der Redner keine Gegenargumente hat. Und gerade weil er das weiß, flüchtet er sich in die im Brustton der Überzeugung vorgebrachten Angriffe.

Deshalb lautet die wichtigste Grundregel der Abwehrrhetorik: Gehen Sie niemals auf den Inhalt einer Killerphrase ein. Wenn Ihnen jemand die Phrase „Zu teuer" entgegenschleudert und Sie anfangen zu erklären, aus welchen Gründen der Preis gerechtfer-

Lassen Sie sich nicht auf eine Diskussion ein

tigt ist, haben Sie verloren. Ihre Gegenseite wird natürlich die Begründung nicht zulassen und Sie weiter attackieren. Sie verheddern sich in eine Diskussion, in der Sie immer weiter in die Enge getrieben werden. Schalten Sie Ihr empfindliches Beziehungsohr in solchen Situationen auf Durchzug und spitzen Sie Ihr Sachohr. Die Devise heißt: Nicht emotional reagieren, sondern sachlich agieren.

Gegenfragen stellen

Eine sehr wirksame Strategie, einer Killerphrase die Spitze zu nehmen, sind ruhig und sachlich gestellte Gegenfragen. Mit diesen Fragen lenken Sie den Fokus auf die Pauschalurteile Ihres Gegenübers. Nehmen Sie dabei Blickkontakt zum Zwischenrufer auf. Wenden Sie den Blick kurz vor Ende Ihrer Antwort ab. Sie signalisieren ihm damit, dass Sie kein Interesse an einer weiteren Diskussion mit ihm haben. Ihrem Provokateur wird der Kontrast zwischen Ihrer Gelassenheit und seiner Gemeinheit peinlich sein. Wahrscheinlich imponiert es ihm sogar, dass Sie sich nicht haben reizen lassen.

Ein Teilnehmer: „Das ist viel zu teuer!"
Ihre Frage: „Was müsste es für diesen Preis für Sie leisten?"

Ein Teilnehmer: „Das ist völliger Quatsch, was Sie da sagen."
Ihre Frage: „Auf welchen Punkt beziehen Sie sich?"

Ein Teilnehmer: „Das funktioniert doch sowieso nicht."
Ihre Frage: „Können Sie das bitte präzisieren?"

Ein Teilnehmer: „Das braucht kein Mensch."
Ihre Frage: „Meinen Sie das strategisch oder prophylaktisch?"

Solche Fragen eignen sich besonders gut, um Besserwisser für eine Weile ins Grübeln zu bringen. Denn die Frage verblüfft so sehr, dass man erst mal über ihren Inhalt nachdenken muss. Merken Sie sich die Frage. Sie können sie in vielen Situationen anbringen.

> Abgesehen davon, dass Gegenfragen Ihnen zunächst Luft verschaffen, können Sie mit ihnen auch wertvolle Informationen sammeln. Gerade bei Produktneuheiten oder Weiterentwicklungen von Produkten sowie bei strukturellen Veränderungen erfahren Sie durch die Fragen und Antworten nützliche Details über die Erwartungen und Wünsche Ihrer Zuhörer. So lassen sich die Einwände Ihrer Zuhörer mit geschickten Gegenfragen zu einer kleinen Feldforschung ummünzen.

Eine schärfere Gangart einlegen

Offensive Frechheit

Jemand, der meint, Sie mit einer Killerphrase wie „Viel zu teuer" aus dem Konzept zu bringen, ist im Grunde ein armer Wicht. Er gibt Ihnen zu verstehen, dass er keine stichhaltigen Gegenargumente hat und es deshalb mit einer Pauschalattacke versucht. Unangenehmer sind Teilnehmer, die nicht davor zurückschrecken, Sie persönlich zu beleidigen. Bei diesen Zeitgenossen gilt es, den Spieß umzudrehen: Machen Sie sich zu einer gefürchteten Duellantin und durchkreuzen Sie ihre Absichten mit messerscharfen Antworten. Denn wer es wagt, Sie auf dreiste Weise zu attackieren, hat keine Rücksicht verdient. Wenden Sie deshalb eine Abwehrrhetorik an, die Ihrem Gegner die Lust nimmt, sich noch einmal auf unfaire Art mit Ihnen anzulegen. Eine solche offensive Frechheit wird von Ihren Gegnern meistens sogar goutiert. Auf jeden Fall ist Ihnen der Respekt der anderen Teilnehmer sicher.

Die Antworten auf die folgenden Behauptungen lassen sich in nahezu allen Situationen anwenden, in denen jemand versucht, Sie verbal zu attackieren. Sie gehen auf das Gesagte überhaupt nicht ein, sondern bedanken sich und verteilen Komplimente mit einem ironischen Unterton. Da die allerwenigsten mit so gewieften Antworten rechnen, ist die Verwirrung groß. Bevor Ihr Gesprächspartner überhaupt begriffen hat, was Sie ihm gesagt haben, sind Sie längst wieder im Gespräch mit den anderen Teilnehmern.

Tipp Gewitzte Antworten auf verbale Unverschämtheiten fallen uns meistens erst im Nachhinein ein. Um aber auf Anhieb unser angriffslustiges Gegenüber zu verblüffen, wappnen Sie sich am besten mit einer Sammlung von möglichen Antworten. Welche knallharten Antworten hätten Sie gern gegeben, wenn sie Ihnen bloß rechtzeitig eingefallen wären? Welche gekonnten Abwehrstrategien haben Sie bereits in Konferenzen oder Gesprächen mitbekommen? Schreiben Sie diese Antworten auf. Je mehr Sie sich mit passenden Antworten auf unverschämte Fragen oder Einwände beschäftigen, desto besser sind Sie gerüstet.

Gewitzte Antworten auf unverschämte Fragen und Behauptungen

Ein Teilnehmer: „Sie haben doch keine Ahnung."
Ihre Antwort: „Ich verspreche, Ihnen morgen mitzuteilen, wie ich über Ihren Standpunkt denke."

Ein Teilnehmer: „Verstehen Frauen sich nicht viel besser im Multitasking? Müsste es deshalb für Sie nicht selbstverständlich sein, den unterschiedlichen Ansprüchen gerecht zu werden?"
Ihre Antwort: „Ich bewundere Sie für Ihre Gedanken, mit denen Sie sich den Kopf zermatern."

Ein Teilnehmer: „Das ist doch Kokolores, was Sie uns hier erzählen."
Ihre Antwort: „Danke, dass Sie eine Meinung formulieren, die mir egal ist."

Ein Teilnehmer: „Sie können doch gar nicht mitreden. Sie haben doch überhaupt keine Erfahrung in diesen Dingen."
Ihre Antwort: „Das ist wirklich interessant. Ich denke darüber nach."

Für Männer sind provokative Bemerkungen häufig ein Spiel: Wie weit kann ich den anderen in die Enge treiben? Wie weit komme ich bei dem anderen mit meinem Dominanzverhalten? Männer sehen die Bemerkungen weniger als Konfliktvorstufen als vielmehr als Herausforderung. Mit den Antworten, die Sie weiter oben gelesen haben, signalisieren Sie: „Junge, wenn du mich herausfordern willst, lass dir was einfallen. Deine Art ist nicht mein Niveau." Mit diesen Signalen stellen Sie Ihren Widersacher in den meisten Fällen ruhig. Denn das Duell findet in der Öffentlichkeit statt. Und niemand lässt sich gern öffentlich vorführen.

Stimmt

z.B.

Ein junges Paar fährt mit dem Auto durch eine öde Landschaft. Die Stimmung zwischen den beiden ist eisig. Sie schweigen sich bereits seit geraumer Zeit mit finsterer Miene an. Vorangegangen war eine Auseinandersetzung, welche zu keinem Ergebnis geführt hat. Beide beharren auf ihrer jeweiligen Meinung. Als sie an einem Hof mit Schweinen vorbeikommen, fragt die Frau sarkastisch: „Verwandte von dir?" Darauf der Mann: „Stimmt. Angeheiratet."

Die Antwort des Mannes ist so genial wie perfide. Er bestätigt die Aussage seiner Frau und durchkreuzt damit ihre Absichten, ihn emotional zu treffen. Allein mit dem Wörtchen „Stimmt" wechselt er von der emotionalen Ebene auf die Sachebene. Dieses Verfahren können auch Sie sich zunutze machen. Bestätigen Sie den Angriff Ihres Gesprächspartners. Schon die Zustimmung wird ihn irritieren. Und damit nicht genug: Sie liefern den Beweis Ihrer Zustimmung gleich mit.

Teilnehmer: „Sie haben doch gar keine Erfahrung."
Ihre Antwort: „Stimmt. Gerade deshalb kann ich die Sache ganz unvoreingenommen betrachten."

Teilnehmer: „In meiner Abteilung geht das nicht."
Ihre Antwort: „Stimmt. Das haben die anderen Abteilungsleiter auch zunächst gesagt."

Tipp Ich weiß, dass sich das alles ganz prima liest. Doch wenn man eine Präsentation hält, nervös ist und alle Augen auf einen gerichtet sind, ist es mit pfiffigen Antworten auf Einwände und unfaire Angriffe schnell vorbei. Man schnappt verzweifelt nach Luft und vor Schreck fällt einem nichts mehr ein. Solange Sie die Klaviatur der gewieften Erwiderungen noch nicht virtuos beherrschen, legen Sie sich für zynische und aggressive Bemerkungen diese Antwort zurecht: „Was meinen Sie damit?" Je gelassener Sie die Frage stellen, desto mehr Luft entweicht aus demjenigen, der sich vor Ihnen aufbläst.

Was sonst noch passieren kann

Sie haben das Gefühl, gegen eine Mauer der Ablehnung zu sprechen

Ihre Zuhörer kommen zu spät, sitzen mit demonstrativ „Was geht mich das an"-Körperhaltung auf ihren Stühlen, tuscheln mit ihren Nachbarn und würdigen Sie keines Blickes. Dieses Verhalten muss nicht unbedingt etwas mit Ihnen oder Ihrem Vortragsstil zu tun haben. Es ist ebenso möglich, dass aufgrund von Unternehmensentscheidungen die aktuelle Stimmung der Zuhörer weit unter null ist. Sie werden für etwas bestraft oder angegriffen, das Sie gar nicht zu vertreten oder zu verantworten haben. Man nimmt Sie weniger in Ihrer Rolle als Rednerin wahr als vielmehr als Blitzableiter für aufgestaute Emotionen.

Wie immer beim Präsentieren so gilt auch in dieser wahrlich nicht erstrebenswerten Situation die Maxime: Nehmen Sie Ihr Publikum ernst. Flehen Sie deshalb nicht um Aufmerksamkeit mit Bemerkungen wie: „Nun hören Sie mir doch bitte zu“ oder „Wenn Sie mir nicht zuhören, werden Ihnen die Einsatzmöglichkeiten dieses neuen Produkts entgehen.“ Wenden Sie sich stattdessen von Ihrem Manuskript ab und dem Publikum zu: „Ich habe den Eindruck, dass Ihnen im Moment ein anderes Thema auf der Seele liegt.“ Wahrscheinlich werden Sie die Probleme nicht lösen können. Für das Publikum mag es jedoch sinnvoll sein, sich selbst erst einmal Gehör zu verschaffen, bevor es Ihren Ausführungen lauscht.

Tippfehler auf einer Folie

Ein Zuhörer entdeckt einen Tippfehler auf einer Folie. Wie reagieren Sie?

1. „Ah, sehr gut erkannt! Ich habe den Fehler eingebaut, um zu testen, ob Sie meine Folien lesen.“
2. „Ooops. Vielen Dank für den Hinweis.“
3. „Oh, Entschuldigung. Es war schon spät gestern Abend.“

Zu 1: Diese Antwort veranlasst die Zuhörer, sich auf die Suche nach weiteren Fehlern zu machen.
Zu 2: Gute Antwort. Sie bedanken sich beim Entdecker und fahren mit Ihrer Präsentation fort.
Zu 3: Vorsicht: Wenn es so spät gestern war, sind vielleicht auch andere Dinge nicht korrekt?

Ein Handy klingelt

Das Handy eines Zuhörers klingelt während Ihrer Präsentation. Wie reagieren Sie?

1. Ich rede unbeirrt weiter.
2. Ich verdrehe die Augen und schaue missmutig in die Runde.

3. Ich unterbreche meine Präsentation und schaue den Angerufenen an.

Zu 1: Da auch die Aufmerksamkeit der anderen Zuhörer gestört ist, hört Ihnen im Moment des Klingelns niemand zu. Halten Sie deshalb inne und bitten Sie den Angerufenen, hinauszugehen. Nutzen Sie die Gelegenheit und bitten Sie alle anderen, ihre Handys auszuschalten.
Zu 2: Eine genervte, schnippische Reaktion bringt Ihnen keine Sympathien.
Zu 3: Wenn Sie Ihre Präsentation unterbrechen, versteht der Angerufene dies – hoffentlich – als sofortiges Signal, den Raum zu verlassen oder das Gespräch erst gar nicht anzunehmen.

Checkliste

- ❑ Einwände höre ich verstärkt mit meinem Sachohr.
- ❑ Für mein Beziehungsohr habe ich eine symbolische Packung Oropax dabei.
- ❑ Ich passe mein Verhalten der Frage an:
  - Wenn jemand schüchtern ist, bin ich verständnisvoll.
  - Wenn jemand beleidigend ist, bleibe ich sachlich.
  - Wenn jemand Informationen will, bringe ich die Informationen kurz und bündig auf den Punkt.
- ❑ Ich fasse mich in meinen Antworten kurz.
- ❑ Ich spreche die Fragesteller mit Namen an.
- ❑ Ich umschmeichle die Fragesteller mit Komplimenten.
- ❑ Ich schaue den Fragesteller an.
- ❑ Profilneurotiker und Prahlhänse unterbreche ich.
- ❑ Verbale Angriffe pariere ich mit einer sachlich gestellten Gegenfrage.
- ❑ Rechtfertigungen? Wofür denn?

Die Fragerunde moderieren

Wenn ein Moderator durch die Veranstaltung führt, gestaltet sich die Fragerunde für Sie ein wenig komfortabler, als wenn Sie allein auf sich gestellt sind. Während der Moderator die Fragen annimmt und eventuell für alle hörbar wiederholt, können Sie sich auf die Antwort konzentrieren.

Sollten Sie nicht von einem Moderator unterstützt werden, müssen Sie die Reihenfolge der Wortmeldungen im Auge behalten. Lassen Sie Ihren Blick durch die Reihen schweifen, damit Ihnen keine Meldung entgeht. Nicken Sie denjenigen, die etwas sagen möchten, kurz zu. Die Teilnehmer wissen dann, dass Sie sie wahrgenommen haben, und können den Arm wieder herunternehmen. Sollte jemand die Reihenfolge der Redebeiträge ignorieren und einfach dazwischenfunken, unterbrechen Sie diesen Teilnehmer und weisen Sie ihn darauf hin, dass er sich noch einen Augenblick zu gedulden hat: „Moment. Ich komme gleich auf Sie zurück. Zunächst beantworte ich die Fragen der Teilnehmer, die sich vor Ihnen gemeldet haben."

Tipp

Wenn es viele Wortbeiträge gibt und Sie Gefahr laufen, die Übersicht zu verlieren, notieren Sie Fragen und Stichpunkte am Flipchart. Sie brauchen dann nicht jedes Detail im Kopf zu behalten, sondern können sich besser auf die jeweilige Frage konzentrieren.

9 Die Augen hören mit

Unsere Augen brauchen Unterstützung

„Ein Bild sagt mehr als tausend Worte.“ „Sich ein Bild von etwas machen.“ „Wen das Auge nicht überzeugen kann, überredet auch der Mund nicht.“ Diese Redensarten und Sprichwörter machen deutlich, dass unsere Augen Unterstützung bei der Informationsaufnahme brauchen. Bilder schaut sich jeder gern an, Bildmaterialien erzeugen Aufmerksamkeit, gesehene Dinge bleiben sehr viel länger im Gedächtnis haften. Dennoch lässt sich in vielen Präsentationen feststellen, dass die Zuhörer trotz aller visuellen Mittel kurz vor dem Dämmerzustand sind und am Ende der Veranstaltung kaum noch wissen, was sie nur wenige Minuten zuvor gehört haben.

Seit der wachsenden Popularität von Präsentationsprogrammen wie PowerPoint lassen sich zwei Phänomene hinsichtlich der Visualisierung von Inhalten beobachten: Entweder sind die Folien zum Bersten gefüllt mit Schaubildern, deren Pfeile und Linien einen labyrinthischen Eindruck vermitteln und die Zuhörer fast schwindelig machen. Oder die Folien enthalten fast den kompletten Vortrag, der ab der dritten Reihe nur noch mit einem hochwertigen Feldstecher zu entziffern ist. Hier führt der übertriebene Einsatz von grafischen Elementen zu Desinteresse, Unaufmerksamkeit oder gar zu einer gereizten Stimmung.

Die Zuhörer machen ihrem Unmut über mangelnde Lesbarkeit und unverständliche Grafiken meistens recht schnell Luft. Die Verdrossenheit nimmt noch zu, wenn allzu augenfällig wird, dass der Redner sich das Ziel gesetzt hat, mit formaler Perfektion zu glänzen statt mit inhaltlicher Ausgewogenheit. Man stellt sich freiwillig hinter das Medium und verhindert dadurch, dass sich die Aufmerksamkeit auf einen selbst fokussiert. Vielleicht ist das auch der Erfolgsfaktor von PowerPoint: Man überlässt dem Medium den Vortritt und macht sich selbst zum unscheinbaren Statisten. Das mag für blasse Präsentatoren der richtige Weg sein. Wählen Sie das Scheinwerferlicht.

Mit Präsentationsprogrammen visualisieren

Als ich mich 2001 mit meiner Agentur dreineun selbstständig machte, hieß mein Motto „Wenn es ums Präsentieren geht“. Die Kunden reagierten auf dieses Motto mit der Frage: „Sie geben PowerPoint-Schulungen?“

Nichts geht ohne PowerPoint?

Für viele scheint das Wort Präsentieren ein Synonym für PowerPoint zu sein. Häufig hat es den Anschein, dass Vortragende ihren virtuosen Umgang mit dem Präsentationsprogramm als Basis für eine gelungene Präsentation betrachten. Kein Mensch käme auf die Idee, sich als Autor zu bezeichnen, nur weil er das Programm Word beherrscht. Allerdings glauben viele Redner, die Kunst der gelungenen grafischen Aufbereitung von Informationen verstanden zu haben, da man schließlich das Präsentationsprogramm zu bedienen weiß.

Doch schlägt sich der Stolz des Vortragenden, wunderbar kompakte und sein Wissen demonstrierende Folien hinbekommen zu haben, nur selten in Anerkennung von Seiten des Publikums nieder. Aufgemotzte Folien sind nicht per se der Garant für eine erfolgreiche Präsentation. Sie sind lediglich ein probates Mittel, um den Vortrag mit visuellen Elementen zu ergänzen. Diagramme und Grafiken zeigen im Idealfall, was für die Zuhörer, nicht für den Vortragenden, interessant, wichtig und nützlich ist.

PowerPoint ist das Medium des 21. Jahrhunderts: Nichts, das nicht auf ein paar flotten Folien, mit ein paar schicken Grafiken und zumeist völlig überflüssigen Effekten dargestellt werden könnte. Das große Missverständnis PowerPoint lautet, dass mit Folien angeblich der visuelle Lernkanal angesprochen wird. Allerdings ist eine Folie voller Text keine Visualisierung. Im Gegenteil. Der aus Platzgründen oft verwendete Nominalstil verkompliziert das Gesagte eher, als dass es anschaulicher und dadurch besser verständlich würde. Das liest sich dann so:

z.B.

Verstetigung der Einführung wöchentlicher Zielgrößen bringt:

- Glättung der Prozesse und Reduzierung der Prozesskosten
- Sichtbarmachung der dynamischen Preis- und Konditioneneffekte
- Vereinbarung von Besuchszielen zur systematischen Potenzialausschöpfung

Nominalstil

Zu allem Unglück übernehmen viele Präsentatoren den anstrengenden Nominalstil auch für ihre Rede. Die Zuhörer werden sich zwei-, dreimal die Mühe machen und dem Redner folgen sowie die Folien lesen. Da die Sprache aber zu wenig konkret ist, schweifen sie mit ihren Gedanken ab. Die Visualisierung hat in diesem Fall nichts gebracht. Schade um die Zeit, die der Präsentator in die Folien investiert hat.

Foliensätze durchforsten

Ein weiteres Phänomen an PowerPoint ist der zwiespältige Umgang mit diesem Programm. Zuhörer assoziieren mit dem Begriff „PowerPoint“ Folienschlachten, Ablesen von Folien, einen oft langweiligen Präsentationsstil. Bei Zuhörern ist eine Folienpräsentation demzufolge nicht sonderlich populär. Dieselben Zuhörer sind jedoch manchmal auch Präsentatoren. Und in dieser Rolle scheint es dann ohne PowerPoint gar nicht zu gehen. Da erinnert man sich plötzlich nicht mehr daran, wie gelangweilt man selbst ist, wenn eine Textfolie nach der anderen aufgeblendet wird. Man macht es genauso. Denn schließlich machen es die anderen auch.

Folgen Sie lieber Ihrem eigenen Stern und verzichten Sie auf alles, was an Me-too erinnert. Wie das geht? Ganz einfach: Schauen Sie sich die Folien Ihrer Präsentationen an. Streichen Sie alle Textfolien, auf denen genau das steht, was Sie sowieso sagen.

Beobachten Sie in einer Präsentation, an der Sie als Zuhörerin teilnehmen, wie viele Doppelungen es zwischen der Rede des Vortragenden und den Texten auf den Folien gibt. Besonders pfiffige Zeitgenossen kontern mit dem Argument, dass Doppelungen notwendig sind, da unser Gehirn Wiederholungen braucht, damit sich neue Informationen besser einprägen. Das stimmt. Unser Gehirn mag Wiederholungen. Unser Gehirn ist jedoch nicht so stupide, dass es redundante Informationen für didaktisch kluge Wiederholungen hält.

Eine Folie braucht nicht selbsterklärend zu sein. Notieren Sie lediglich ein paar Stichpunkte, die erst durch Ihre Ergänzungen verständlich werden.
Beschränken Sie sich auf eine Botschaft pro Folie und bündeln Sie damit die Konzentration Ihrer Zuhörer. Das heißt: Nur eine Hauptaussage, nur ein Bild, nur ein Diagramm.

z.B.

In einer Präsentation zum Thema „Qualitätsmanagement“ ist mir kürzlich diese Folie begegnet:

Was ist Qualitätsmanagement?

- Managementsystem, das darauf abzielt, alle vorhandenen persönlichen und sachlichen Ressourcen innerhalb der Organisationsprozesse so einzusetzen, dass qualitativ hochwertige Leistungen zur Zufriedenheit der Kunden erbracht werden.
- QM kann durch verschiedene Systeme und / oder Managementtools implementiert und umgesetzt werden.

Da der Redner die Definition auch mündlich vorträgt, ist die Folie überflüssig. Abgesehen davon sind die Sätze zu lang und der Passivstil wirkt nüchtern und ohne Bezug zu den Zuhörern.
Um den Zuhörern die Vorteile eines Qualitätsmanagements nahezubringen, reicht diese Folie:

Ihre Chance: Qualitätsmanagement

> Die Vorteile benennen Sie mündlich. Jeden genannten Vorteil bringt der Zuhörer mit dem Satz auf der Folie in Verbindung: „Ihre Chance: Qualitätsmanagement."

Das hat auf Folien nichts zu suchen

Streichen Sie jeden Firlefanz wie Datum, Seitenangabe oder Name des Präsentators. Manchmal sieht man sogar den Dateinamen in der Fußzeile auf jeder einzelnen Folie. Diese kryptischen und nur für den Präsentator verständlichen Bezeichnungen haben auf einer Folie absolut nichts zu suchen.

Abbildungen brauchen keine Bildlegende oder gar eine Quellenangabe. Wenn Sie ein Basislager als Metapher für Ihr Team zeigen, brauchen Sie nicht auch noch das Wort „Basislager" hinzuzufügen. Das Gleiche gilt für alle Grafiken und Schaubilder. Ihre Erläuterungen zu den Grafiken reichen dem Zuhörer für die Verständlichkeit.

Je länger die Zuhörer mit dem Inhalt der Folie beschäftigt sind, umso weniger hören sie Ihnen zu. Achten Sie deshalb darauf, dass dic Botschaft einer Folie in maximal zwei Sekunden erfasst werden kann.

Auf Lesbarkeit achten

Lassen Sie alle Folien weg, deren Schaubilder oder Organigramme schon in der ersten Reihe kaum noch zu lesen sind. Besonders verdrießlich ist es, wenn der Präsentator auch noch darauf hinweist, dass das Schaubild leider nicht erkennbar ist. Wenn es sowieso nicht den Zweck der Anschaulichkeit erfüllt, warum mutet der Präsentator seinen Zuhörern dann eine solche Folie zu?

Achten Sie darauf, dass alle Daten, Zahlen und Jahresangaben aktuell sind. Die Zuhörer möchten keine veralteten Informationen präsentiert bekommen.

Tipp Immer häufiger sieht man PowerPoint-Präsentationen, in denen jede einzelne Folie mit einem kleinen Inhaltsverzeichnis versehen ist. Der gerade aktuelle Punkt ist farbig hervorgehoben, alle anderen Punkte erscheinen in blasser Schrift. So hat der Zuhörer stets vor Augen hat, wo sich der Redner inhaltlich befindet. Mit einem solchen Verzeichnis stecken Sie im starren Korsett einer ständig sichtbaren Struktur. Wenn Sie Ihren Vortrag aus Zeitgründen um einige Punkte kürzen oder Sie sich spontan entscheiden, einen Punkt wegzulassen, ist der komplette Inhalt dennoch zu sehen. Die Zuhörer bekommen das Gefühl, dass ihnen etwas vorenthalten wird. Und verlassen Sie sich darauf: Es wird immer jemanden geben, der Sie nach den Punkten fragt, die Sie planten auszulassen. Notieren Sie die Agenda lieber auf ein Flipchart. Sollten unerwartete Änderungen eintreten, schreiben Sie den Ablauf kurz vor der Präsentation auf ein neues Blatt.

Die Folienpräsentation optimieren

Wenn Sie mit Folien präsentieren, dann machen Sie das Beste aus Ihrem Vortrag und achten Sie auf diese Punkte:

- ❑ Blenden Sie die Folie zeitgleich mit dem gesprochenen Wort ein. Niemals früher! Sonst geht Ihnen das Spannungsmoment verloren und Sie plappern nur noch nach, was die Zuhörer längst gelesen haben.
- ❑ Sprechen Sie NICHT zur Leinwand. Das Publikum sind Ihre Zuhörer, drehen Sie ihnen nicht den Rücken zu. Wer Folien als Spickzettel verwendet, steht übrigens besonders häufig mit dem Rücken zum Publikum.

Tipp Wenn es sich gar nicht vermeiden lässt, zur Leinwand zu schauen, dann schweigen Sie für die Zeit, die Sie dem Publikum abgewandt sind.

Eine neue Folie wird eingeblendet. Der Präsentator dreht sich zur Leinwand um, schaut, was auf der Folie zu sehen ist und beginnt noch in dieser Körperhaltung mit seinen Ausführungen. Das ist ein doppelter Affront gegen die Zuhörer. Denn abgesehen von dieser sehr distanzierten und abweisenden Körperhaltung gewinnen die Zuhörer zudem den Eindruck, dass der Präsentator ruhig mehr Zeit in die Vorbereitung hätte stecken können.
Arbeiten Sie mit einem Stichwortmanuskript, auf dem steht, mit welcher Folie es in Ihrem Vortrag weitergeht. Oder drucken Sie in PowerPoint Handzettel aus, auf denen die Folien in Miniatur abgebildet sind.

Tipp Wenn Sie die Folien als Handzettel ausdrucken, wählen Sie die Option „2 Folien pro Seite“ oder „4 Folien pro Seite“ und schneiden die Blätter in der Mitte durch. Ein weiterer Trick ist, die Blätter auf stabile DIN-A5-Karteikarten zu kleben. Denn sollten Ihre Hände zittern, ist dies bei schwererem Papier für die Zuhörer nicht erkennbar.

Der Bildschirm ist kein Teleprompter

Benutzen Sie den Computerbildschirm nicht wie einen Teleprompter, von dem Sie ablesen, was auf den Folien steht. Dadurch sind Sie zu sehr auf den Bildschirm fixiert und verlieren schlimmstenfalls Ihr Publikum aus den Augen. Auch hier gilt: Benutzen Sie ein Stichwortmanuskript.
Je unabhängiger Sie sich von Computer und Bildschirm bewegen, desto flexibler können Sie auf Ihre Zuhörer reagieren.

Bitte auf jeden Fall streichen!

Zwei Folien gehören unter keinen Umständen in Ihre Präsentation: eine Begrüßungsfolie mit einem Text wie „Herzlich willkommen“ und die Abschlussfolie mit dem Satz „Vielen Dank für Ihre Aufmerksamkeit“.
„Herzlich willkommen“ als Begrüßung auf einer Folie: Das ist, als würden Sie gleich zu Beginn dem möglichen Draht zwischen Ihnen

und den Zuhörern keine Chance geben wollen. Der Einwand, dass eine solche Folie lediglich der Atmosphäre dient, überzeugt mich nicht. Wörter auf einer Folie haben keine Aura. Eine Aura haben Sie. Sorgen Sie deshalb am besten selbst für Atmosphäre, indem Sie die hereinkommenden Zuhörer begrüßen, ihnen zulächeln und hier und da Smalltalk führen. **Aura**

„Vielen Dank für Ihre Aufmerksamkeit." Eine Folie mit diesem Satz hat den Charme einer kalten Currywurst. Streichen Sie sie ersatzlos. Das Beste, was Sie am Ende einer Präsentation machen können, ist: Schalten Sie den Beamer aus. Das Zweitbeste: Sie nutzen die letzte Folie für wichtige Informationen. Diese Informationen können eine Zusammenfassung der Kernbotschaften sein, eine Zahl, die es zu erreichen gilt, oder Ihre Kontaktdaten.

Gekonntes Zusammenspiel

Ein guter Dramaturg weiß genau, wie er mit Bildern die Spannung steigert. Auch in einer Folienpräsentation lässt sich Spannung aufbauen, wenn Sie die Folien zeitlich geschickt einblenden. Gehen Sie wie eine Dramaturgin an Ihre Präsentation heran und überlegen Sie, an welchen Stellen die Folien Ihre Ausführungen effektvoll unterstützen. Damit der Effekt in der Präsentation wirkungsvoll rüberkommt, üben Sie das dramaturgische Zusammenspiel von Erläuterungen und Einblenden einer neuen Folie am besten mehrfach vor Ihrem Auftritt. Dazu ein Beispiel:

z.B. „Wie Sie sehen, ist der Umsatz unserer Maschinen in China im letzten Jahr um 10 Prozent gestiegen. Dieser Erfolg ermutigt uns zu einer weiteren Expansion (Punkt. Pause). Wir haben uns entschieden, das Produkt auch in anderen Ländern Südostasiens auf den Markt zu bringen (Punkt. Pause). Diese Länder sind (Pause) Vietnam und Indonesien."

In dem Moment, in dem Sie Vietnam und Indonesien sagen, blenden Sie die Folie mit einer Karte der Länder Vietnam und Indonesien ein. Halten Sie während der gesamten Zeit Blickkontakt zum Publikum. Ignorieren Sie die Technik, werfen Sie also keinen Blick auf die Leinwand oder den Bildschirm. Verlassen Sie sich blind darauf, dass die passende Folie eingeblendet wird. Denn wenn Sie sich in einem so entscheidenden Moment zur Leinwand umdrehen, nehmen Sie der Aussage ihre Wirkung. Beobachten Sie lieber, wie Ihre Zuhörer reagieren.

Checkliste PowerPoint-Folien

Eine Kernaussage pro Folie.

❑ Ja ❑ Überarbeiten

Mindestens 30 Prozent der Folie ist leer.

❑ Ja ❑ Überarbeiten

Maximal 7 Zeilen mit maximal 7 Wörtern.

❑ Ja ❑ Überarbeiten

So einfach wie möglich, so wenig wie möglich, so lesbar und übersichtlich wie möglich.

❑ Ja ❑ Überarbeiten

Eindeutige Begriffe verwendet.

❑ Ja ❑ Überarbeiten

Eine einheitliche und leicht lesbare Schrift verwendet. (Aber bitte nicht die allseits bekannte und wenig schöne Arial!)

❑ Ja ❑ Überarbeiten

Schriftgröße beträgt mindestens 28 Punkte.

❑ Ja ❑ Überarbeiten

Alle nebensächlichen Informationen wie Name des Präsentators, Titel der Präsentation, Datum gestrichen.

❑ Ja ❑ Überarbeiten

Kontrastreiche Farben verwendet.

❑ Ja ❑ Überarbeiten

Farbauswahl mit Beamer getestet.
❑ Ja ❑ Noch machen
Probedurchlauf mit Beamer war erfolgreich.
❑ Ja ❑ Noch machen

Noch ein Tipp zur Größe der Schrift

Die Schriftgröße richtet sich nach der Größe des Raums. Foliensätze, die Sie mit einer 18 bis 28 Punkt großen Schrift für eine Präsentation in einem kleinen Meetingraum erstellt haben, eignen sich nicht für die gleiche Präsentation in einem großen Konferenzsaal. Recherchieren Sie vor Ihrer Präsentation die Raumverhältnisse und passen Sie die Schrift entsprechend an. Nehmen Sie den am weitesten entfernten Zuhörer zum Maßstab. Bei einer Entfernung bis 20 Meter beträgt die ideale Schriftgröße 48 Punkt. Bei dieser Schriftgröße bringen Sie kaum noch Text unter. Was wiederum dafür spricht, sich mit reinen Textfolien möglichst zurückzuhalten.

Bilder einsetzen

Jedes Publikum setzt sich sowohl aus rational gesteuerten als auch aus emotional orientierten Lerntypen zusammen. Das ist bei einem Fachvortrag nicht anders als bei einer firmeninternen Präsentation über die aktuelle Situation der Mitbewerber. Kombinieren Sie in Ihrer Präsentation sachlich ausgerichtete Grafiken geschickt mit eher gefühlsbetonten visuellen Elementen. Droht die Präsentation zu sachlich zu werden, kann ein Foto Abhilfe schaffen. Ist der Grenzwert an Emotionalität überschritten, reguliert eine Grafik oder Statistik den Pegel.

Wünsche und Gefühle

Fotos bringen Assoziationsketten ins Rollen, setzen Wünsche frei und verstärken positive wie negative Gefühle. Mit Fotos unterstützen Sie Botschaften und lenken sie unterschwellig. Möchten Sie zum Beispiel, dass die Zuhörer mit Ihrem Produkt die Möglichkeit einer höheren Kundenbindung assoziieren, wählen Sie Fotos, die diese Vorstellung hervorrufen. Wer befürchtet, dass das Thema mit einer negativen Assoziationskette behaftet ist, streut Fotos in die Präsentation ein, die eine angenehme Stimmung vermitteln.

Üppige Bilder, weil Sie Großes zu sagen haben

Unterschiedliche Wahrnehmung

Bilder anzuschauen macht mehr Spaß, als nur trockene Fakten aufzunehmen. Das wussten auch die Macher von PowerPoint und entwickelten für das Programm ein Folienlayout mit der Anordnung links Text, rechts Bild. Dieses Layout hat jedoch seine Tücken. Die Zuhörer schauen sich zunächst das Bild an und sind dabei mit eigenen Assoziationen beschäftigt. Da der Präsentator das Bild jedoch kennt, ist seine Aufmerksamkeit nach rechts auf den Text gerichtet. Er kommt deswegen gleich zur Sache und merkt nicht, dass er die Informationen geradewegs an den Ohren der Zuhörer vorbei ins Nichts befördert. Redner und Zuhörer sind auf zwei unterschiedliche Dinge fokussiert. Diese Ungleichzeitigkeit bezüglich Wahrnehmung und Aufmerksamkeit kann dazu führen, dass ein Redner seine Zuhörer im Laufe einer Präsentation verliert. Der Redner bleibt zwar bei seinem roten Faden. Die Zuhörer verfolgen diesen Faden jedoch nicht im gleichen Tempo und hecheln den Ausführungen hinterher.
Mein Tipp: Gönnen Sie jedem Bild den Platz einer ganzen Folie. Lassen Sie auf jeden Fall jegliche Art von Text weg. Sagen Sie, was Sie mit dem Bild zeigen wollen und um welche Schwerpunkte es Ihnen geht. Nutzen Sie das Bild, um die Zuhörer auf Ihr Verständnis vom Sachverhalt zu lenken.

z.B. „Unser Verständnis von Kundenbindung wird an diesem Bild deutlich. Wir wollen ein starkes Tau zwischen uns und dem Kunden knüpfen. Kein Band, das leicht durchschnitten werden kann. Kein Netz, das voller Löcher ist. Was wir wollen, ist ein festes, stabiles und beständiges Tau."

Ein solcher Text in Kombination mit einem Bild, das sich über die gesamte Leinwand erstreckt, macht Eindruck. Ihr Anliegen gewinnt spürbar an Klarheit und Entschiedenheit. Sie machen

indirekt deutlich: Mir geht es um etwas Großes. Das Bild ist nicht Beiwerk, sondern die Botschaft. Wirft das Bild allerdings eher tausend Fragen auf, als dass es mehr als tausend Worte sagt, ist es für eine Präsentation gänzlich ungeeignet.
Wenn Sie Bilder verwenden möchten, stellen Sie sich folgende Fragen:

- ❑ Unterstützt das Foto das Thema der Präsentation?
- ❑ Setzt es Assoziationsketten frei, die in Ihrem Sinn sind?
- ❑ Ist es eventuell zu provokativ?
- ❑ Dient das Foto dazu, von faden Argumenten abzulenken? Stopp! Foto streichen. Inhalt überarbeiten.

Flipchart

Ein Flipchart als Präsentationsmedium einzusetzen bedarf mehr Mut als PowerPoint. Wenn Sie während der Präsentation etwas zeichnen oder schreiben, stehen Sie viel deutlicher im Rampenlicht als beim Einblenden einer neuen Folie mit einem Klick auf die Fernbedienung. Deshalb ist das Flipchart das geeignete Medium für Sie als selbstbewusste Präsentatorin.

z.B. Eine Vertriebschefin eines Telefonanlagenbauers will ihre Mitarbeiter dazu bewegen, die Kontakte zu den Bestandskunden regelmäßig zu pflegen. Der Turnus für neue Telefonanlagen beträgt im Schnitt fünf Jahre. Ihr Ziel ist, innerhalb dieses Zeitraums die Kunden auch durch persönliche Kontakte ans Unternehmen zu binden. Denn die Gefahr, dass die Konkurrenz die Kunden zum Abwandern bewegt, ist groß. Jetzt könnte sie an einer Folienpräsentation mit Ist- und Sollzuständen basteln und ihre Mitarbeiter mit Fakten langweilen, die diese längst kennen. Um den Mitarbeitern ihr Anliegen zu veranschaulichen, entscheidet sie sich, die Situation während des Meetings zu skizzieren.

„Das sind unser Kunden und wir, nachdem die Telefonanlage erfolgreich eingebaut ist und alles reibungslos funktioniert.“

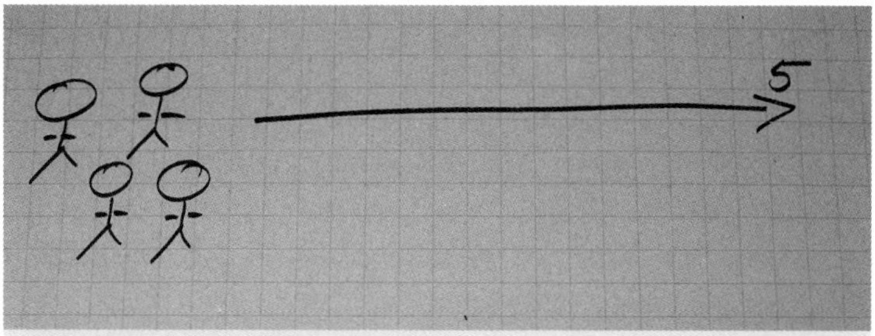

„Das sind unser Kunde und wir nach vier Jahren. Der Abstand zwischen uns hat sich dramatisch vergrößert.“

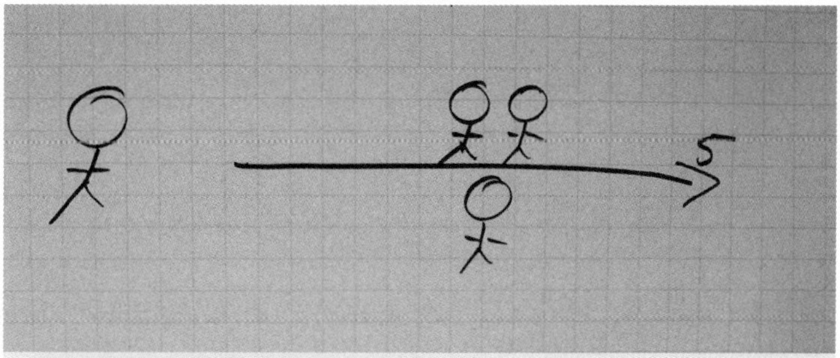

„Im Hintergrund lauern die Mitbewerber und suchen die Nähe zu unserem Kunden. Wir sind nur noch am Horizont erkennbar.“

„Nach fünf Jahren suchen wir wieder den Kontakt zum Kunden. Der erinnert sich kaum noch an uns. Auch hat er sowieso längst Gefallen am Mitbewerber gefunden. Der Kunde entscheidet sich gegen uns."

„Ziel ist, den Abstand zwischen uns und dem Kunden so gering wie möglich zu halten. Was liegt in unserer Firma näher, als den Kunden regelmäßig anzurufen? A-Kunden alle zwei bis drei Monate, B-Kunden halbjährlich und C-Kunden einmal im Jahr."

Live-Act

Die Bilder bleiben hängen – sowohl in den Köpfen der Zuhörer als auch im Meetingraum oder im Zimmer der Vertriebschefin. Eine solche Präsentation ist wie ein Live-Act. Die Zuhörer sind dabei, wenn die Aussagen verbildlicht werden. Das ist spannend, macht neugierig auf die weiteren Ausführungen und bündelt die Aufmerksamkeit. Überlegen Sie vor jeder Präsentation, ob Sie Ihre Kernbotschaft auf einem Flipchart während der Veranstaltung veranschaulichen können. Geben Sie nicht dem ersten Impuls nach: „Nein, geht nicht." Machen Sie eine Mind Map zu Ihrer Kernbotschaft: Was bedeutet sie für Ihre Zuhörer? Welche Bilder löst die Botschaft aus? Welche kurz-, mittel- und langfristigen Ziele beinhaltet sie?
Die Präsentation mit einer Zeichnung auf ein Flipchartblatt zu starten ist ein fulminanter Einstieg. Damit rechnet erst mal niemand. Aufmerksamkeit ist Ihnen gewiss. Ebenso merk-würdig ist es, mit

einer gezeichneten Kernbotschaft die Präsentation zu beenden. Sie haben in Ihrer Präsentation die Mitarbeiter auf eine Umsatzsteigerung von 10 Prozent vorbereitet? Schreiben Sie „10 Prozent" auf das Flipchart und sagen dann: „10 Prozent Umsatzsteigerung, meine Damen und Herren. Ein ehrgeiziges Ziel. Fangen wir an."
Wenn Ihre Zuhörer Finanzinvestoren sind, denen Sie einen Ausblick aufs nächste Jahr geben, wandeln Sie den Satz ab: „10 Prozent Umsatzsteigerung, meine Damen und Herren. Ein ehrgeiziges Ziel. Verlassen Sie sich auf uns."

Tipps für den Einsatz von Flipcharts

- ❑ Ein Flipchart eignet sich gut für das Inhaltsverzeichnis Ihrer Präsentation. Hängen Sie das Blatt an eine für alle gut sichtbare Stelle auf.

Fragen notieren

- ❑ Halten Sie Fragen aus dem Publikum auf den Blättern fest.
- ❑ Anders als beim Folienvortrag verschwinden die Inhalte nicht aus dem Blickfeld der Zuhörer. Befestigen Sie die Blätter einfach mit Klebeband an der Wand oder an dafür vorgesehene Schienen.

Stifte

- ❑ Nehmen Sie am besten immer eigene Stifte in verschiedenen Farben mit in die Präsentation. Denn entweder sind keine da oder die Stifte schreiben nicht mehr. Empfehlenswert sind dicke Stifte mit abgeflachter Schreibfläche. Sie erreichen eine eindrucksvolle Schrift, wenn Sie den Stift mit der ganzen Filzkante gleichmäßig auf das Papier setzen, dann schreiben und dabei den Stift nicht mehr drehen.
- ❑ Schweigen Sie, solange Sie schreiben. Man versteht Sie sowieso nicht, da das Schreibgeräusch recht laut ist.

Halbrechtes Schreiben

- ❑ Rechtshänder stellen sich rechts neben das Flipchart, drehen den Körper aus der Hüfte ein wenig zur Seite und schreiben. Linkshänder machen es genau umgekehrt. Diese Haltung verhindert, dass Sie mit Ihrem Körper das Blatt abdecken. Mit ein bisschen Übung bekommen Sie das halbrechte beziehungsweise halblinke Schreiben hin.

- Üben Sie, groß und in Druckbuchstaben zu schreiben.
- Wenn Sie befürchten, die Zeichnung während der Präsentation nicht so gut hinzubekommen wie bei der Generalprobe, zeichnen Sie die Linien mit Bleistift vor. Keine Sorge, für die Zuhörer sind die Hilfslinien nicht erkennbar.

Linien vorzeichnen

- Lassen Sie mindestens ein unbeschriftetes Blatt zwischen vorbereiteten Flipchartblättern. So können Sie weitere Details oder Fragen aus dem Publikum notieren, ohne durch den ganzen Block nach einem freien Blatt suchen zu müssen.

Blätter freilassen

- Lassen Sie das untere Drittel frei. Dann brauchen Sie nicht zu befürchten, in eine seltsam gebückte Position zu kommen, in der entweder eine Rocknaht platzt oder Sie das Gleichgewicht verlieren.
- Besorgen Sie sich einen Flipchart-Papierköcher, mit dem Sie Ihre vorbereiteten Blätter ohne Knickfalten transportieren können.

Tipp

Angenommen Sie präsentieren bei einem Kunden und wollen ein paar vorbereitete Flipchartblätter mitnehmen. Da Sie nicht wissen können, ob in dem Meetingraum ein Flipchart zur Verfügung steht, machen Sie sich am besten unabhängig von der technischen Ausrüstung des Kunden. Besorgen Sie sich für einen solchen Fall sogenannte Magic Charts. Das sind Folienblätter, die durch elektrostatische Eigenschaften auf fast jedem Untergrund angebracht werden können. Sie rollen die Folie einfach aus und streichen sie an einer Wand glatt. Diese Folienblätter haben das gleiche Format wie Flipchartblätter.

Profitipps für Ihre Arbeit mit Flipcharts

Vielleicht haben Sie schon mal im Fernsehen gesehen, dass Entertainer wie Harald Schmidt oder Stefan Raab ihre Texte von großen handgeschriebenen Papptafeln ablesen. Nun haben Sie in einer Präsentation keine Mitarbeiter, die Ihnen Texttafeln hochhalten. Doch Sie können das Flipchart nutzen, um den Ablauf Ihrer Präsentation stets vor Augen zu haben. Stellen Sie das Flipchart dazu ganz hinten in den Raum. Vor allem wenn Sie Angst haben, den Faden zu verlieren, ist dieser Trick hilfreich. Ein Blick in die Tiefe des Raums reicht, um sich zu orientieren und zu wissen, wie es weitergeht.

Beziehen Sie die Teilnehmer am Flipchart ein

Bei kleineren Präsentationen, die einer Arbeitssitzung gleichen, legen Sie ein Flipchart und ausreichend Stifte in die Mitte des Konferenztisches. Bitten Sie die Teilnehmer, ihre Ideen und Gedanken zu dem Thema stichpunktartig auf das Blatt zu schreiben. So bekommen Sie eine Fülle an Gesichtspunkten, die Sie gemeinsam mit Ihrem Publikum diskutieren oder die Sie professionell mit in Ihre Präsentation einflechten können.

Overheadfolien

Flexibel reagieren

Für einige gelten sie als längst überholt, bei anderen erfreuen sich nach wie vor großer Beliebtheit: die Overheadfolien. Gegenüber den Folien, die mit einem Präsentationsprogramm erstellt sind, haben sie unschlagbare Vorteile: Mit Overheadfolien sind Sie dem Publikum stets zugewandt. Sie können die Folien jederzeit umsortieren oder eine Seite auslassen und somit flexibler auf die Reaktionen aus dem Publikum reagieren. Overheadfolien eignen sich, um während des Vortrags Wörter zu markieren, Diagramme zu vervollständigen und Verknüpfungen zwischen verschiedenen Aussagen herzustellen. Das macht Ihre Präsentation lebendiger und konkreter.

Nehmen Sie ein paar Blankofolien mit in die Präsentation. Fragen und Zuhörerbeiträge lassen sich dann ohne zusätzlichen Aufwand festhalten.

> Mit einer Mind Map machen Sie Denkwege, Prioritäten und Zusammenhänge visuell plausibel. Zeichnen Sie Ihre Gliederung als Mind Map auf eine Folie und legen Sie die Folie auf, wenn Sie zum nächsten Punkt Ihrer Präsentation kommen. Den Zuhörern prägen sich die Zusammenhänge dadurch besser ein.

Tipps für den Umgang mit Folien

- Bildelemente sind auf Folien oft schlecht erkennbar. Die Farben sind nicht so brillant und Konturen nicht so scharf wie auf Folien, die mit einem Beamer an die Wand projiziert werden. Wählen Sie deshalb kräftige Farben und für Diagramme oder einfache Skizzen eine breite Linienstärke.
- Wenn Sie das Hochformat verwenden, ist nur ein Teil der Folie für die Zuhörer sichtbar. Das ständige Verschieben und Geraderücken ist für Sie lästig und fürs Publikum störend. Mit dem Querformat sind Sie besser bedient. Dieses Format deckt genau den Bereich ab, der an die Wand projiziert wird.
- Nehmen Sie die Folien allesamt schon vor der Präsentation aus dem Ordner oder den Klarsichthüllen. Das erspart Ihnen das Suchen und Herumhantieren mit Hüllen und Mappen während des Vortrags.
- Nummerieren Sie die Folien. Für den Fall der Fälle, dass die Folien herunterfallen, ist die Reihenfolge schnell wiederhergestellt.
- Wie sieht die Oberfläche des Projektors aus? Wischen Sie Schmutzflecken mit einem feuchten Tuch ab. Der Schmutz ist ansonsten auf jeder Folie zu sehen und macht unter Umständen Wörter oder Grafiken schlechter lesbar.

Zeit für die Technik

Falls Sie noch Rechner und Beamer anschließen oder ein Flipchart vorbereiten müssen, kalkulieren Sie ausreichend Zeit ein. Bauen Sie die Technik in aller Ruhe auf und wenden Sie sich dann in den verbleibenden Minuten bis zum Start der Präsentation Ihren Zuhörern zu. Füllt sich der Saal bereits mit den Teilnehmerinnen und Teilnehmern, während Sie noch an der Technik herumfeilen, blicken Sie ab und zu ins Publikum und begrüßen Sie die neu hinzugekommenen Zuhörer mit einem Kopfnicken, einem Lächeln oder einem freundlichen „Guten Tag".

Mit der Technik gibt es Probleme, der Techniker ist nicht aufzufinden und der Hausmeister hat keine Ahnung, wie das Zusammenspiel von Beamer und Rechner funktioniert: Seien Sie auf diese Situation vorbereitet. Statt bis zum offiziellen Start der Präsentation wie ein aufgescheuchtes Huhn durch die Gegend zu laufen, signalisieren Sie Ihrem Publikum: Ich habe die Situation im Griff. Auch wenn der Beamer nicht läuft – auf mich können Sie sich verlassen.

Ich weiß, das klingt einfacher, als es in der Realität ist. Doch was bleibt Ihnen anderes übrig? Es nutzt Ihnen absolut gar nichts, mit Ihrem Schicksal zu hadern. Das verkrampft Sie nur zusätzlich und hemmt Ihre Improvisationsgabe.

Tipp

Wer technische Malheurs voraussieht, hat die PowerPoint-Präsentation auf Folien kopiert und schmeißt jetzt den Overheadprojektor an. Andere nutzen verstärkt das Flipchart und schreiben wichtige Zahlen oder elementare Wörter auf die Blätter. Zu welchem Ersatzmedium Sie auch greifen: Fangen Sie auf jeden Fall pünktlich an. Unterlassen Sie alle negativen Bemerkungen zur nicht funktionierenden Technik.

Nur weil die Technik nicht funktioniert, brauchen Sie nicht verbal zu kapitulieren. Stehlen Sie sich deshalb nicht selbst die Show durch Bemerkungen wie: „Ohne die Folien kann ich Ihnen den Sachverhalt leider nicht genauer verdeutlichen." Zeigen Sie sich von Ihrer souveränen und flexiblen Seite: „Ich kann auch ohne."

Abgehalfterte Scherze

Sollte einer der Zuhörer es wagen, den Satz „Frauen und Technik" in die Runde zu schmeißen, geben Sie ihm eine passende Antwort: „Wissen Sie, hier unten im Keller sitzt jemand an einer Bartwickelmaschine für besonders abgehalfterte Witze und Bemerkungen. Wie schön, dass Sie ihm mit Ihrer Bemerkung Arbeit gegeben haben." Der Teilnehmer wird Sie wahrscheinlich für den Rest der Präsentation in Ruhe lassen. Und die anderen Zuhörer sind gewarnt.

Interne Präsentationen

Planen Sie auch bei internen Präsentationen ausreichend Zeit ein. Vergewissern Sie sich, dass die Technik läuft, bevor die Kollegen den Raum betreten und Sie mit Fragen oder Interna aus der Ruhe bringen. Außerdem kommt es nie gut an, wenn beim offiziellen Beginn der Präsentation der Vortragende noch mit Kabeln und Funkmäusen zu kämpfen hat. Erstens wirkt das sehr unprofessionell und zweitens ärgern sich die Anwesenden darüber, Zeit zu vergeuden, die sie am Schreibtisch viel sinnvoller hätten einsetzen können.

Nicht vergessen

- ❑ Haben Sie eventuell Sachgegenstände, die Sie mitnehmen können? Modelle, Produkte?
- ❑ Sind die Medien den Räumlichkeiten angepasst?
- ❑ Haben Sie sich beim Veranstalter versichert, dass die Medien wie Beamer, Flipchart, Overheadprojektor im Raum vorhanden sind?
- ❑ Haben Sie eine Mehrfachsteckdose dabei oder den Veranstalter um eine gebeten?

Die organisatorische Vorbereitung

Ein Konferenzraum gleicht dem anderen? Weit gefehlt. Schon allein beim An- und Ausschalten der Beleuchtung scheinen Architekten den Ehrgeiz zu haben, sich für jedes Gebäude eine andere Version auszudenken. Auch das Rauf- und Runterfahren der Jalousien folgt oft einer rätselhaften Technik. Ganz abgesehen von der Klimaanlage, die nur in seltenen Fällen intuitiv bedienbar ist. Wegen all dieser technischen Grausamkeiten empfiehlt es sich, mindestens 45 Minuten vor Beginn der Veranstaltung den Raum zu inspizieren und sich mit den Gegebenheiten vertraut zu machen. Finden Sie in dieser Zeit heraus, wo die Lichtschalter sind, mit welchen Schaltern Sie welche Lampen an- oder ausknipsen und wie der Raum gegebenenfalls zu verdunkeln ist.

Lichttechnik

Wenn Sie die Lichtverhältnisse im Raum so sicher einstellen können wie in Ihrem heimischen Wohnzimmer, geht es an die Präsentationstechnik: Funktioniert der Beamer? Klappt das Zusammenspiel zwischen Ihrem Rechner und dem Beamer?
Schalten Sie den Beamer ein und kontrollieren Sie, in welcher Sichthöhe das Bild projiziert wird. Können die Teilnehmer in den hinteren Reihen das Bild über die Köpfe der vor ihnen sitzenden Zuhörer überhaupt sehen? Legen Sie gegebenenfalls weitere Bücher oder andere Gegenstände unter den Beamer, damit das Bild weiter nach oben projiziert wird.

Sitzordnung

Wie ist die Sitzordnung? Bei einer U-förmigen Anordnung besteht oft das Problem, dass den Teilnehmern an den Längsseiten der Blick durch die Vorderleute verstellt ist. Falls an den Seiten des Raums ausreichend Platz vorhanden ist, rücken Sie die vorderen Tische ein wenig nach rechts beziehungsweise nach links. Dadurch laufen die Längsseiten spitzer auf die Frontseite zu, was allen Teilnehmern eine freie Sicht ermöglicht.
Funktioniert das Mikrofon? Wie ist die Lautstärke? Machen Sie einen Sound-Check. Fest installierte Mikrofone am Rednerpult schränken Sie in Ihrer Bewegungsfreiheit extrem ein. Drängen Sie darauf, ein Mikrofon zu bekommen, das sich am Revers Ihres

Blazers anbringen lässt. Dann können Sie auch das Rednerpult links liegen oder am besten abbauen lassen.

Fazit

- PowerPoint ist komfortabel, Flipcharts sind effektiver. Mit Flipcharts lässt sich eine Präsentation lebhafter gestalten als mit fertigen Folien. Sie können Grundaussagen und Zusammenhänge während der Veranstaltung skizzieren.
- Ähnliches gilt für Overheadfolien. Auch mit ihnen lassen sich während des Vortrags thematische Zusammenhänge herstellen. Sie sind dabei den Zuhörern zugewandt und können einfacher auf Reaktionen aus dem Publikum reagieren.
- Die Medien stellen Sachverhalte oder Bilder dar. Für persönliche Aussagen wie die Begrüßung eignen sie sich nicht.
- Wenn Sie lediglich die Texte nachsprechen, die auf den Folien sowieso zu lesen sind, gleicht die Präsentation einer Karaoke-Veranstaltung – leider jedoch ohne deren Show-Einlagen. Schaffen Sie sich mit den Medien keine Konkurrenz. Sie sind es, die im Vordergrund steht.
- Verwenden Sie immer nur ein Bild pro Folie und projizieren Sie dieses in imposanter Größe.

10 In aller Kürze

Checkliste für Ihre Präsentation

Vorbereitung	❑ Ein Ziel für die Präsentation definieren ❑ Eigene Ziele bestimmen ❑ Die Zuhörer unter die Lupe nehmen ❑ Nach gemeinsamen Schnittstellen suchen ❑ Den Inhalt auf die Zuhörer zuschneiden ❑ Anknüpfungspunkte finden
Einen sicheren Einstieg finden	❑ Rechtzeitig da sein und sich mit der Technik vertraut machen ❑ Erste Gespräche mit den Teilnehmern führen ❑ Günstige Position für den Einstieg wählen: vor dem Referententisch oder Projektor ❑ Bereits in der Einstiegsphase jedem Zuhörer durch Blickkontakt Wertschätzung entgegenbringen ❑ Packende und kurzweilige Einleitung
Sprache und Struktur	❑ Klar erkennbarer roter Faden ❑ Mit einer merk-würdigen Schlusssequenz die Präsentation beenden ❑ Anschaulich sprechen, Sprachbilder verwenden ❑ Kurze Sätze verwenden ❑ Einfache Formulierungen wählen, Fremdwörter und Abkürzungen vermeiden ❑ Die Zuhörer emotional erreichen ❑ Die „Sie"-Ansprache wählen ❑ Den Zuhörern klar sagen, was sie nach der Präsentation zu tun haben

Sprechweise	❑ Mäßiges Grundtempo wählen ❑ In Bogensätzen sprechen ❑ Angemessen laut sprechen ❑ Durch Pausen Spannung erzeugen ❑ Mit Pausen den Inhalt gliedern und auf Wichtiges aufmerksam machen ❑ Sich innerlich „Punkt. Pause" sagen
Körpersprache/ Mimik/Gestik	❑ Ruhiger, fester Stand ❑ Freundliche Mimik ❑ Hände oberhalb der Gürtellinie (positiver Bereich) ❑ Blickkontakt halten ❑ Den Zuhörern zugewandt stehen

Literaturverzeichnis

Der kleine Hey. Die Kunst des Sprechens. Nach dem Urtext von Julius Hey. Neu bearbeitet und ergänzt von Fritz Reusch. Mainz: Schott Music 2006.

Etrillard, Stéphane: *Gekonnt gekontert. Souverän, schlagfertig und fair in jeder Situation.* Hamburg: Hoffmann und Campe Verlag 2004.

Fey, Gudrun: *Gelassenheit siegt! Mit Fragen, Vorwürfen, Angriffen souverän umgehen.* Regensburg: Walhalla und Praetoria Verlag 2005.

Kals, Ursula: *Zehn Fallstricke. Die fatalsten Fehler, die Sie aus dem Job katapultieren.* Frankfurt am Main: F.A.Z.-Institut für Management-, Markt- und Medieninformationen 2005.

Kellner, Hedwig: *Reden, zeigen, überzeugen. Von der Kunst der gelungenen Präsentation.* München, Wien: Carl Hanser Verlag 1998.

Kremer, Sybille: *Dirty tricks – was tun? Wie Frauen Fallen erkennen und Karrierespiele gewinnen können.* Freiburg im Breisgau: Herder Verlag 1995.

Pöhm, Mattias: *Vergessen Sie alles über Rhetorik. Mitreißend reden – ein sprachliches Feuerwerk in Bildern.* Frankfurt am Main: mvg Verlag 2001.

Pöhm, Matthias: *Präsentieren Sie noch oder faszinieren Sie schon? Der Irrtum PowerPoint.* Heidelberg: mvgVerlag 2006

Schlüter, Barbara: *Rhetorik für Frauen. Selbstbewusst und richtig vorbereitet jede Gesprächssituation meistern.* München: Redline Verlag 2002.

Schulz von Thun, Friedemann: *Miteinander reden. Störungen und Klärungen. Allgemeine Psychologie der Kommunikation.* Band 1. Reinbek bei Hamburg: Rowohlt Taschenbuch Verlag 2004.

Weidner, Jens: *Die Peperoni-Strategie. So setzen Sie Ihre natürliche Aggression konstruktiv um.* Frankfurt, New York: Campus Verlag 2005.

Stichwortverzeichnis

Über die Autorin

Gabi Brede bietet Seminare und Einzeltrainings für Personen, die Produkte, Inhalte, Ergebnisse, Botschaften oder sich selbst präsentieren. Sie unterstützt die Teilnehmer ihrer Seminare darin, dass ihnen gelingt, was viele sich wünschen: souverän aufzutreten, im positiven Sinne das Sagen zu haben, einen selbstsicheren Eindruck zu hinterlassen. Gabi Brede ist Inhaberin der Agentur dreineun in Frankfurt am Main.

Weitere Informationen finden Sie im Internet unter:
www.dreineun.de

Kontakt:
gbrede@dreineun.de